净化空气的健康花草

好看又好养

史玉娟　编著

吉林科学技术出版社

图书在版编目（CIP）数据

净化空气的健康花草好看又好养 / 史玉娟编著. --
长春：吉林科学技术出版社，2019.6
ISBN 978-7-5384-5659-2

I.①净… II.①史… III.①花卉－观赏园艺 IV.
①S68

中国版本图书馆CIP数据核字(2017)第321058号

净化空气的
健康花草 好看又好养

JINGHUA KONGQI DE JIANKANG HUA-CAO HAOKAN YOU HAOYANG

编　　著：史玉娟
出 版 人：李　梁
责任编辑：周　禹　张延明
封面设计：长春创意广告图文制作有限责任公司
制　　版：长春创意广告图文制作有限责任公司
幅面尺寸：167 mm×235 mm
印　　张：14
印　　数：6 000册
字　　数：260千字
版　　次：2019年6月第1版　2019年6月第1次印刷
出版发行：吉林科学技术出版社
社　　址：长春市福祉大路5788号出版集团A座
邮　　编：130118
发行部电话/传真：0431-81629529　81629530　81629531
　　　　　　　　　81629532　81629533　81629534
编辑部电话：0431-81629519
储运部电话：0431-84612872
网　　址：http://www.jlstp.com
印　　刷：吉林省创美堂印刷有限公司
书　　号：ISBN 978-7-5384-5659-2
定　　价：42.00元

闲情雅致

女人养花是闲情，男人养花是雅致。

养花种草从来都是陶冶性情、美化环境的好事。

监测环境、吸附灰尘、净化空气、清除甲醛、增香除味，

用绿植解决室内空气问题，自然、简单、安全。

从浇水施肥做起，手把手、全图解，

种出一屋好空气，轻松获得健康生活。

目　录

第一章

监测室内空气质量的植物TOP 10

第二章

吸附室内细颗粒物的植物TOP 10

第三章

净化有害气体的植物TOP 10

第四章

新房装修去甲醛的植物TOP 10

第五章

增香除异味的植物TOP 10

第六章

造型百变，惬意充满庭院

第七章

雅致怡人，放松紧张心情

写在前面的话

空气污染别害怕，交给植物来净化

室内空气污染的四大来源

甲醛 苯　氨	一氧化碳 二氧化硫 尼古丁	螨虫　苍蝇 蚊子　蟑螂	电器的辐射 噪声

近几年，"雾霾"经常被评选为年度关键词。所谓"雾霾"，是雾和霾的组合词。中国不少地区将雾并入霾一起作为灾害天气现象进行预警预报。在人口密度高的城市，经济和社会活动必然会排放大量的细颗粒物（PM2.5），细颗粒物中含有对人体有害的各种化学物质和病毒，所以有效防霾，刻不容缓。

遇到雾霾天气，解决办法中有一条，那就是待在室内，可室内的环境就让人放心吗？其实室内环境也不容乐观。

污染室内环境的主要原因有四大类：

1．装修留下的化学物质，如甲醛、苯、氨等。一般人造板材中的甲醛会存留3～15年之久，而装修中所用的黏合剂、油漆、内墙涂料等都含有苯，大理石、陶瓷等含有放射性物质，会衰变出氡气等有害气体。

2．油烟和香烟污染，如一氧化碳、二氧化硫、尼古丁等。室内的烟气污染已经备受重视，我国室内公共场所明示禁止吸烟，是因为尼古丁等有害物质对人体的伤害是巨大且不可逆的。

3．家中的致病生物，如螨虫、苍蝇、蚊子、蟑螂等。

4．物理性污染，如各种电器的辐射、噪声等。

天然制氧机——植物

不管是室外的雾霾，还是室内的有害物质，植物都能起到一定程度的净化或警示作用。

1. 大自然的制氧机。绿色植物可在白天进行光合作用，吸收二氧化碳、释放氧气，属于天然的制氧机。根据实验测定，10平方米左右的环境，摆放两盆中型的植物便可有效降低二氧化碳浓度。

也有人担心，植物在夜间会释放二氧化碳，那不等于污染了室内环境吗？其实植物在夜间释放的二氧化碳仅为一个人呼出的二氧化碳量的1/30，不会威胁人的身体健康，所以完全不用担心植物会在夜间威胁人的健康。

2. 吸附灰尘的能手。如果家里有几盆绿植，你会发现，过不了几天，植物叶片上就会覆盖上一层灰土，用抹布擦拭，叶片才能重新焕发光亮，这就是植物叶片的吸附灰尘作用。

实验表明，室内养殖绿色植物，可明显减少室内的飘尘，吸附灰尘作用较强的绿色植物包括龟背竹、橡皮树、吊兰、常春藤等。

3. 环境污染报警器。有些植物对有害气体是十分敏感的，譬如木槿，当木槿受到二氧化硫侵害时，它的叶片会变成灰白色，叶脉间会出现形状各异的斑点，且叶片很快会发黄掉落。还有雪松，这种植物对二氧化硫和氟化氢非常敏感，一旦受到侵害，它的针叶很快发黄、枯焦。

苔藓植物也具备监测环境的作用，苔藓植物的叶片多为单层细胞，污染物质会从叶的两面直接侵入叶细胞，苔藓立即会显现出病态，以此警告人们污染超标，要及时治理了。

现在，很多城市已广泛栽种"报警植物"，如蜡梅、紫薇、木槿、广玉兰、木芙蓉等。很多我们在公园或是步道见到的花草，像矢车菊、鸢尾、小金鱼草、美人蕉、鸡冠花、百日草、玉簪等，它们一是起到了装饰作用，让城市环境更美；另外一个重要的作用就是监测有害物质，因为它们对污染物质的反应要比人敏感很多。

　　植物监测的好处在于：首先，植物对环境污染很敏感，因此反应污染的速度会更迅捷，甚至比仪器探测还要快很多，有时某种污染仪器还没能探测出来，但植物的叶片已经出现斑点或者花色有所变化；其次，栽种植物进行监测要比使用仪器节省经费，如果对植物养护得当，甚至可以一劳永逸；最后，植物强大的监测作用，不只用在现在，过去曾经发生过的污染问题，植物也能监测出来，譬如某地曾受到某种有害物质污染，仪器是测不出来的，但植物能监测出来。

有害物质	监测植物
二氧化硫	雪松、向日葵、胡萝卜、菠菜、芝麻、栀子花
氟化氢	郁金香、杜鹃、大叶黄杨、桃树、唐菖蒲、海棠、连翘
臭氧	女贞、丁香、牡丹、紫玉兰、葡萄、苜蓿
氧化氮	向日葵、杜鹃、石榴
氯化氢	落叶松
光化学烟雾	矮牵牛、早熟禾
汞蒸气	柳树、女贞
放射性物质	紫竹梅

第一章

监测室内空气质量的
植物TOP 10

1 牵牛花

牵牛花中含有花青素，这种色素遇碱则变成蓝色，遇酸则变成红色。早晨空气中二氧化碳浓度相对较低，而到下午，二氧化碳浓度升高，牵牛花对它的吸收率也逐步增多，会由早上的蓝色变成红色。如果你仔细观察，会发现牵牛花早晨为蓝色，下午变红色这一奇特现象，现象背后的原因就是这种原理。

2 雪 松

雪松对二氧化硫和氟化氢很敏感，如果周围二氧化硫或氟化氢浓度高，雪松的针叶会由绿变黄，甚至枯萎掉落。

3 唐菖蒲

唐菖蒲对监测氟化氢非常有效，当大气中氟化氢浓度超标时，经过一昼夜时间，唐菖蒲的叶尖和叶缘就会出现油浸状褪色带，然后逐渐枯黄。

4 牡　丹

牡丹对臭氧极其敏感，如果空气中的臭氧含量高于1%，牡丹叶片上就会出现斑点，叶片的颜色也会受到一定影响，譬如原来是绿色的叶片，会因受臭氧污染程度的不同，而变成红褐色、浅黄色或是白色。

5 紫竹梅

紫竹梅能够检测出周围是否有放射性物质，若有放射源辐射，它的花朵会由紫红色变成白色，而且转变速度会很快。

6 虞美人

虞美人对硫化氢污染反应敏感，一旦被侵害，叶片边缘就会变焦，或是叶面上出现斑点。

7 连 翘

连翘能监测二氧化氮、臭氧和氨气，连翘的正常叶色是绿色，如果遭到二氧化氮侵害时，叶脉或叶缘会出现条纹和斑点；被臭氧侵害时，叶片表面会有白色斑纹或黄色斑纹出现；被氨气侵害时，叶片会发黄。

8 三色堇

三色堇可有效监测二氧化硫，当被二氧化硫侵害时，三色堇的叶片会出现斑点、斑纹，由绿色变成黄色或者灰白色。

9 碧 桃

碧桃能够对硫化物和氯气进行检测，其遭受硫化物或氯气侵袭时，叶片会呈现大片的斑点，并渐渐干枯死亡。

10 矢车菊

矢车菊对二氧化硫非常敏感，周围二氧化硫浓度升高，会使矢车菊全株倒伏，严重时会少花或根本不开花。

净化空气

第二章

吸附室内细颗粒物的
植物TOP 10

1 栀子花

一提到栀子花，首先会想到它芳香怡人的气味。其实，栀子花对很多有害气体都有抑制和净化的作用，如氯气、氟化氢、臭氧等。它还能有效吸纳空气中的粉尘，在天干物燥的季节，家里摆放几盆栀子花，可降低人吸入粉尘的概率。

2 丁 香

丁香是很多城市喜欢种植的绿化植物之一，每到春季，丁香花盛开，不仅美丽而且香气四溢。丁香能抵抗二氧化硫、氟化氢等有害气体，而且还有吸附粉尘的作用，不论是城市绿化，还是庭院绿化，栽种一些丁香，可以净化空气，还可增香，是一举两得的好事。

3 常春藤

常春藤是一种匍匐型的垂挂植物，悬在窗边或是摆放在书架上，装饰效果很理想，同时它吸附灰尘的作用强大，室内摆放两盆常春藤，能有效降低浮尘浓度。

4 石　榴

有一句民间花卉谚语"花石榴红似火，既观花又观果，空气含铅别想躲"。石榴可有效降低空气中的铅含量，石榴还对很多有害气体都有抑制和净化的作用，而且它净化灰尘的作用也相当明显。开花可观花，结果可观果、食果。

5 橡皮树

成年的橡皮树株型高大，叶片油亮，观赏价值很高。橡皮树是一个多面手，它可以吸附很多有害气体，而且还能起到吸附灰尘的作用，如果居室内摆放大株橡皮树，空气会得到有效净化。

6 大叶黄杨

大叶黄杨能抵抗很多有毒气体，但它最强大的地方在于能吸纳和吸附尘土、烟雾，如果庭院中栽种一些大叶黄杨，周围空气中的致敏物质将会少很多。

7 花叶芋

花叶芋叶片大，有很好的吸附灰尘作用，通过仔细观察会发现，室内的花叶芋叶片上仅两三天时间就会有很多积尘，用水冲洗后很快又恢复光亮姿态。

8 兰 花

兰花的净化作用也是尽人皆知的，不论蝴蝶兰、大花蕙兰、国兰、剑兰等，都能净化多种有害气体，并能吸附空气中的灰尘和漂浮物，而且兰花姿态优美，是室内装饰植物的首选。

9 银皇后

银皇后是天南星科万年青属的植物，它和万年青、白雪公主等花卉一样都对光照需求不多，可以健康生长在潮湿阴暗的环境中，而居室中的厨房、卫浴间的植物摆放空间往往受到限制，银皇后刚好补缺。银皇后叶片繁茂，可有效吸附灰尘和病菌等，且能吸收甲醛、二氧化硫等有害气体。

10 紫 薇

紫薇可抵抗二氧化硫、氯气、氯化氢等有害物质的侵害，同时还有很好的吸附粉尘作用。现在很多城市会在绿化带栽种紫薇，一则因为紫薇花开时花团锦簇、非常喜庆，能够美化城市环境；二则因为紫薇是良好的净化树种，可使空气更洁净。

净化空气

第三章

净化有害气体的植物TOP 10

1 月 季

月季对很多有害气体都有吸收、净化的作用。此外，月季可以有效地净化汽车尾气，很多北方城市将藤本月季栽种到路边或是隔离带中间，便是利用其净化尾气的作用。

2 龟背竹

龟背竹叶形奇特，观赏性强，而且龟背竹被誉为"天然清道夫"，很多植物在白天释放氧气，吸收二氧化碳，龟背竹却在夜间吸收二氧化碳，且吸收能力大约是其他植物的6倍。

3 吊 兰

据测，一盆吊兰能将10平方米空间中80%的有害物质吸收掉。此外，吊兰还能吸收尼古丁，也就是说，家中要是有吸烟的人，摆放几盆吊兰，就能有效降低其他人受到的危害。

4 棕 竹

棕竹对净化重金属污染物有比较明显的作用，而且棕竹的盆栽一般是中、大型植株，植株蒸腾效率高，可有效增加室内湿度和负离子浓度，春、秋干燥季节最适合选种棕竹。

5 晚香玉

晚香玉可净化二氧化硫和氯化氢，同时还能吸收二氧化碳，释放氧气，增加空气中负离子浓度，但晚香工香气浓郁，不适合在室内栽培，一般在庭院栽培。

6 黄毛掌

黄毛掌是仙人掌的一种，种植方法简单。黄毛掌可以净化二氧化硫和氯化氢，将这些有害气体吸收后，转而释放大量氧气，非常适合室内种植。

7 非洲菊

打印机、复印机工作后会排放苯，苯被人体吸收后会损害人体健康，非洲菊是很好的净化苯的植物。如果在办公室摆放几盆非洲菊，那就不必担心苯污染了，而且非洲菊还能吸收尼古丁，因此办公区、会议室等处都是非洲菊的最佳摆放地。

8 金　橘

金橘几乎对所有有害物质有抵抗和净化的作用，它的叶片能有效吸附灰尘，而且金橘果实金黄，放到室内能起到增添喜庆氛围的效果，是馈赠亲朋好友的最佳选择。

9 蟹爪兰

蟹爪兰可以在夜晚吸收大量的二氧化碳,有效增加居室内负离子的浓度,使空气湿度增加,室内温度下降,使居室更具舒适感。

10 白鹤芋

大多数植物,尤其是具有净化作用的植物都喜欢光照,只有足够的光照才能让它们进行正常的光合作用,因此你必须将这类植物放在南阳台等光照足的地方。但白鹤芋就不一样了,它不喜欢光照,喜欢潮湿荫蔽的环境,而且它还能吸收有害气体,净化空气。想想室内的卫生间,是不是还没有植物装饰,那就把白鹤芋请过去吧。

净化空气

第四章

新房装修去甲醛的植物TOP 10

1 绿 萝

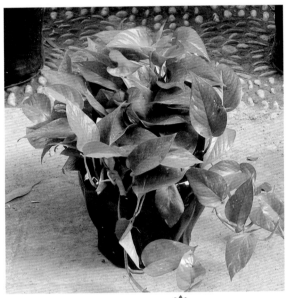

绿萝对甲醛的净化能力是植物中数一数二的，房屋装修后，居室内一定要摆放一些绿萝。而且，绿萝对油烟也有一定的净化作用，平时可在厨房里摆放绿萝，能起到净化厨房有害物质的作用。

2 杜 鹃

杜鹃对氧化亚氮、二氧化硫，以及大理石等释放的放射性物质有吸收作用。刚装修完的居室，可选种几盆杜鹃，一来净化装修材料释放的有害物质，二来杜鹃花色鲜艳、喜庆，可为居室增添祥和的氛围。

3 龙舌兰

有实验显示，在10平方米的居室中，一盆中型龙舌兰能吸收掉70%的苯和50%的甲醛，且对三氯乙烯也有很强的净化作用。因此，装修后，根据房间面积大小可选种几盆龙舌兰。

4 菊 花

装修后，地毯、板材、壁纸等会释放出大量甲醛、二甲苯、氟化氢等有害物质，软装后到入住前这段时间，多买几盆菊花摆放在室内，尤其是铺了地毯的房间，可适当多放。

5 冷水花

冷水花属小型的观叶绿植，叶面花纹很有特点，叶色浓绿，很适合点缀书桌、办公桌等处。家装后，建材及家具油漆会释放甲醛、硫化氢等有害气体，冷水花可有效将其净化，使居室空气变洁净。

6 蜘蛛抱蛋

蜘蛛抱蛋也称一叶兰，它的净化效果超强，可以将居室空气中80%的有害气体吸收掉，尤其是甲醛。因此装修后可以选择几盆蜘蛛抱蛋摆放在高花架上，其株型简洁美观，适宜装扮简约大方的居室，且能有效净化环境。

7 芦 荟

芦荟株型小巧，而且生长缓慢，即便很小的空间，也可以摆放芦荟，并且它不需要过多照料。芦荟对甲醛、二氧化硫、硫化氢、三氯乙烯等都有很好的吸收作用。

8 红 掌

红掌可以净化装修房间内残留的甲醛、二甲苯、甲苯等有害物质，对氨也有一定的吸收作用，因此适合摆放在刚刚装修好的新居内。

9 苏 铁

苏铁外形刚劲，针叶很硬，如果家里有幼儿，最好摆放到孩子不易碰触到的地方。苏铁可有效去除香烟烟雾中的有害物质。家装后，一般会购置地毯、抱枕、挂毯、窗帘等织物，苏铁可有效净化织物中的苯，且吸收率高达80%。

10 朱 槿

朱槿可吸收苯和氯气，很适合家装后室内栽培。而且朱槿花形美、花期长，颜色有鲜红、粉红和黄色等，都是鲜艳、靓丽的颜色，能给居室增添喜气。

净化空气

第五章

增香除异味的植物TOP 10

1 茉 莉

茉莉清新淡雅，不论栽种在庭院中，还是摆放在居室里，都能使环境增色不少。同时茉莉还有超级强大的杀菌效果，它所释放的挥发油，可以抑制或杀死葡萄球菌、肺炎球菌、结核杆菌、痢疾杆菌等。

2 薄 荷

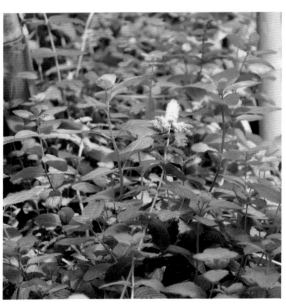

薄荷的种类很多，常见的有柠檬薄荷、马薄荷等，薄荷分泌出的挥发油具有抑制及杀灭多种细菌的作用。如果感冒头痛、鼻塞不畅，揪下几片薄荷叶，用双手揉搓出气味，埋头闻香，可起到缓解头痛和通畅鼻塞的作用。此外，薄荷的气味独特，可提神醒脑，如果摆放在办公桌边，能起到提升工作效率的作用。

3 含笑花

含笑花的气味幽香，它所释放出的挥发油，可以杀灭肺炎球菌和肺结核杆菌，盆栽的小植株含笑花可以用来装饰书房、客厅等，大植株的含笑花可以用来美化庭院。

4 风信子

风信子的香气并不如其他花卉植物那般浓郁，除非置身于一大片风信子花海中，或是近身细细嗅闻，否则还真闻不出风信子的香气。但它所释放的挥发油，可以有效抑制细菌生长，而且它的气味能使人缓解疲劳、精神振奋。

5 米 兰

米兰是种很著名的芳香花卉，它黄色的如米粒似的小花虽然貌不惊人，但气味却很淡雅清香，有镇静安神的作用。米兰能够吸收塑料、装修材料中释放出的有害气体，而且它的挥发油还能有效抑菌。在居室的窗边摆放米兰，尤其是进风口处，能让香味飘散到居室中，香气若隐若现，别有情致。

6 昙 花

很多人用"昙花一现"来形容它美好的姿态，却很少有人说起昙花的作用。昙花的气味素雅温和，最可贵的是，昙花还是夜间吸收二氧化碳、释放氧气的植物。也就是说，即便夜间把它放到室内，也不会同人争夺氧气。

7 金银花

金银花的气味芬芳怡人，它所释放出的挥发性油类可以杀灭细菌，而且金银花还能吸收二氧化硫、二氧化碳和氟化氢，是净化庭院空气、给居室增香的最佳植物。

8 桂 花

桂花的香气淡雅怡人，还有一种香甜味，在南方很多食物都是用桂花制成的，如桂花糕、桂花酒等。桂花可以吸收二氧化硫、氟化氢等，同时还是能给居室增香的植物。

9 紫 藤

紫藤花开时场面壮观，且香气清幽，如果家中有天台或是庭院，可搭架使紫藤生长。紫藤能净化空气中的二氧化硫、氟化氢等，栽种紫藤，可起到净化空气、增香居室的双重作用。

10 水 仙

水仙是球根花卉中的优良品种，我们国家的水仙要属漳州水仙最为著名。水仙对氮氧化物的净化作用超强，它可以将氮氧化物转化成自身需要的物质，供给生长。水仙的香气清淡悠长，能使人感到精神愉悦，冬日里，很多观赏花卉都凋零了，唯独水仙争先绽放，为漫长的冬日增加一抹亮色。

第六章

造型百变，惬意充满庭院

菊花

科属：菊科菊属
别称：秋菊、寿客、金英

原产地 我国早在3000年前就有栽培菊花的记录，17世纪末，逐渐传入欧洲各国。我国是菊花的原产地。

外形 菊花茎直立，接近土壤的茎干会木质化，叶片呈卵圆形，叶缘有锯齿或缺刻，花朵顶生或腋生，花瓣一般都比较长，呈长舌状或者细长针状，花色很多，有红色、黄色、粉色、紫色、白色、绿色、复色等，花瓣有单瓣和复瓣之分，不论单瓣还是复瓣，菊花的花姿都属清丽高雅的典范。

46

空间布置

菊花可以室外栽种，但其株高多数在50厘米左右，因此现在多作为室内盆栽来装饰居室。入秋买几盆菊花摆在客厅的茶几或是门厅入口处，可彰显居室主人高雅清丽的品位。菊花和中式风格的家居更为搭调，能很好衬托出居室的古香古色与高雅脱俗。

栽培管理

1. **介质**：菊花其实对土壤要求并不十分严格，只要符合富含腐殖质、排水好这两点就能作为菊花的栽培介质。一般用腐叶土、河沙、适量底肥（骨粉或干麻渣均可）混合配制介质。

2. **浇水**：给菊花浇水比较有讲究，春季萌发出小苗后，每周浇水一到两次就可以。夏季植株长高，随着温度升高而天气干燥，要多浇水，每天浇水一次或每天早晚各浇水一次，若遇到阴雨天，要减少浇水。入秋前，适当控制浇水可使植株茎干粗壮。开花前至整个花期，都要充分浇水，干旱会导致花朵开得不好，且易滋生虫害。入冬停止生长，浇水可参照春季浇水方法。菊花是多年生草本植物，如果露地栽培，冬季可以室外越冬。

净化空气

菊花可以吸收二氧化碳，释放氧气，菊花还对一些有害物质有抵抗能力，如二氧化硫、氯化氢、氟化氢等。如果家里刚刚整装一新，尤其是更换了全套家电，置办了不少以塑料制品为主的居家用品，那么可以买几盆菊花摆放在室内，它能抵御并吸收家电和塑料制品散发的乙烯、汞、铅等有害物质，这一点是其他很多植物做不到的。

室内选放适合的植物，既能美化居室环境，还可以净化空气。

日常养护

光照　喜欢散射光，不喜欢阳光直射，夏天要遮阴。

温度　最适宜的生长温度在20～25℃。越冬温度不低于0℃便不会发生冻害。

修剪　菊花幼株生长到10厘米时，要进行第一次摘心，每隔一段时间要摘心一次，为的是使植株不向高处徒长，让植株更加强壮，还能使花蕾增多。在生长期间，如果发现有细弱枝，或某些枝杈影响美观，都可以酌情修剪。

繁殖　菊花多用的繁殖方法是扦插和分株，像所有宿根植物一样，菊花分株要等到花期过后，上盆之前进行。将地下根挖出，分成几份，分别植栽到花盆中，在盆面上覆盖塑料膜，可使其尽快发芽生根。扦插的方法也比较常用，一种是芽插，即在茎干底部截取滋生出的嫩芽进行扦插；还有一种是枝插，在5月份植株长成时，截取10厘米左右嫩枝插到沙床中，等其生根变成为新的植株。

病虫害　菊花比较容易染上病虫害。病害有白粉病、叶斑病、锈病等，虫害有蚜虫、红蜘蛛、粉虱、蟆虫等。病害发生的原因主要跟肥水管理不当、空气湿度大、空气不流通等有关，因此要想预防菊花的病害，首先保证通风良好，其次要在生长期间少施氮肥，适量增加磷钾肥，避免空气湿度过高，且不要浇水过多。病害发生后往往会紧随着发生虫害，因此有效防治病害非常必要，家庭可用多菌灵、百菌清稀释液喷洒病株，虫害可选绿色环保的杀虫剂进行喷杀。

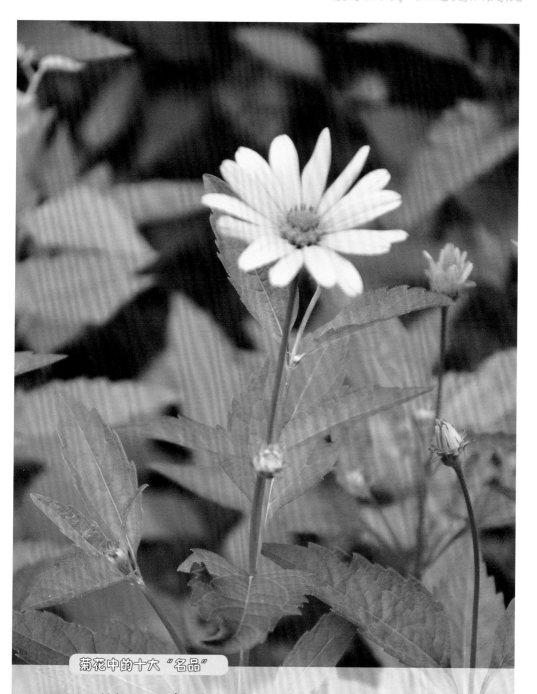

菊花中的十大"名品"

　　绿牡丹、墨菊、帅旗、绿云、红衣绿裳、十丈垂帘、西湖柳月、凤凰振羽、黄石公、玉壶春，以上十种是菊花的十大名品。

施肥

春季定植前要施足底肥，整个生长期可每隔半月施一次稀薄的腐熟液肥，入秋孕蕾时可施一两次稍微浓一些的肥水，如果想花朵开得艳丽或花期长，可在开花前施一次0.1%浓度的磷酸二氢钾溶液。冬季停止施肥。

！菊花的用途

菊花除了观赏外，最广为人知的用途大概就是食用。菊花可以煮粥，还可用来泡水当茶饮，因为菊花有平肝明目的功效，用眼过度的人可常饮菊花茶。

将各种香草或是药材装入枕头以起到健康疗效并非新鲜事，也许你听过在枕头中装入薰衣草、决明子、茶叶等，那你是否听说过菊花枕呢？如果没有，那现在你可以试试在枕头中装入菊花。干燥后的菊花与荞麦皮各一半装入枕芯，菊花可以清肝明目，减轻头晕、头痛、耳鸣、目眩等症状，如果经常有黑眼圈、眼睛肿痛，更推荐你试试这种枕头。

如果你的眼部经常水肿，这里告诉你个小妙招。把干菊花装到纱布包里，浸水泡湿，放在冰箱内冷藏，然后用纱布包敷眼睛，可以很快去除水肿。

历史上关于菊花的记载

"季秋之月，……鞠有黄华"，是关于菊花的较早记载，来源于《礼记·月令》。屈原在《楚辞·离骚》中有这样的句子："朝饮木兰之坠露兮，夕餐秋菊之落英"。晋代陶渊明也曾写过："采菊东篱下，悠然见南山"的佳句。

菊花在我国有很长时间的培植历史，直到现在，每到秋季，全国各地均有大小不等的赏菊大会，可见菊花是大众非常喜欢的花卉。

Q：菊花茶中，白菊和黄菊的区别在哪？

A：在售卖的菊花茶中，有白菊和黄菊之分，虽说同为菊花，但功效方面还是有稍许差别的。黄菊味道较苦涩，清热去火的功效强；白菊的口感较为平和，主要功效在于清肝明目，与眼睛相关的如眼涩、眼睛疲劳、视力模糊、头晕目眩等可以饮用白菊。虽然白菊也有清热去火的效果，但是其功效却不能与黄菊相比。

Q：菊花为什么能在初冬开花？

A：菊花体内含有糖分，糖分含量越高，越不容易结冰，所以在初冬寒冷的季节，菊花仍能开花。

Q：有很多名字后缀是菊的花卉与菊花有关系吗？

A：除了菊花，常见的花卉里还有很多名字后缀带菊的，如美兰菊、金盏菊、天人菊、荷兰菊、雏菊、金鸡菊等，它们不仅从外形上看类似菊花，而且它们都同属为菊科的植物，因此与菊花关系很密切。菊科植物中，很多品种都具有净化空气的作用，而且颜色靓丽，是城市绿化的良好花材。

仙人掌

科属：仙人掌科仙人掌属
别称：仙人扇、霸王树

原产地 仙人掌属于多浆多肉植物，拥有强大的储水系统。在雨季喝饱水，可以使其在干旱少雨的季节靠自身储备的水分存活。仙人掌的原产地在非洲、美洲等干旱少雨的沙漠地区，现在全世界很多国家均有栽培。

外形 茎扁平呈卵圆形，其上布满细毛及针刺，有些品种针刺软，有些品种针刺极硬，茎肉质多汁，花大，生于刺丛中，花型像喇叭，颜色因品种不同而有区分。我们这里所说的可以净化空气的仙人掌类植物，包括仙人掌、仙人球、仙人鞭等。

空间布置

　　窗台、书桌、玄关高柜顶部都可以摆放仙人掌，但要注意的是，散射光下仙人掌生长最好，光照过强或光线过暗都对仙人掌生长不利。

　　仙人掌多刺，若家中有幼儿，要注意放置到高处，避免让幼儿碰触到。

栽培管理

　　1. 介质：对于仙人掌来说，土质疏松、排水好很重要，可以用腐叶土、粗沙、草木灰加少量底肥混合，如果春季上盆时底肥充足，可半年不必再施肥。

　　2. 浇水：仙人掌属多浆植物，不需要多浇水，尤其是入夏后，多浇水非常容易烂根。给仙人掌类植物浇水，要本着春、秋季适量多浇，夏、冬季少浇水的原则。如果夏季遇到阴雨连绵的天气，更要适时断水。浇水的时段，冬季可在上午，春、秋、夏季最好选在早晨或晚上，浇水时不要浇到植株茎面上。

净化空气

　　大多数植物都是白天进行光合作用，释放氧气，吸收二氧化碳，但仙人掌类植物却是晚上释放氧气，如果与其他植物混栽，可以一整天让居室都处于氧气充足的状态，不管室外空气如何，室内华丽转身成"氧吧"。

　　仙人掌植物还能将甲醛、二氧化碳、过氧氧化物等吸收掉，尤其是厨房，小家电很多，油烟又盛，一般植物都受不了厨房的空气，唯独仙人掌类植物，不拘环境的恶劣，又能有效改善恶劣环境，唯一需要注意的是，仙人掌上的刺比较可怕，在厨房忙碌时千万不要被刺到。

　　仙人掌植物还有一个厉害之处便是吸附灰尘，在空气干燥、浮尘较多的冬、春季，仙人掌能吸附灰尘，让室内空气更洁净。

日常养护 🌱

光照　仙人掌喜欢阳光，光照不足会引起植株徒长，还会诱发一些其他病害。除了夏季需适当遮阴外，其他三个季节都需要放到光照充足处。

温度　仙人掌耐高温，忌低温。25～35℃是仙人掌的生长适温，冬季不可以低于5℃，否则易冻伤。

修剪　基本不需要修剪，如果烂根的话，尽快把烂根处修掉还可以救活。

繁殖　仙人掌类植物多用分株或扦插繁殖法，分株即把茎基部的幼小植株与母株分离，分栽到其他盆中。扦插即剪下10厘米左右肉质茎，稍微晾干后，插入沙土中。

病虫害　仙人掌类很少发生病虫害，一般病害会伴生虫害，空气流通差、水大时会发生黑腐病、煤烟病，若长久不治会伴生蚜虫、粉虱等。一旦发生病害要尽快治疗，喷洒多菌灵或是百菌清，并移到通风阴凉处，减少浇水或断水，若伴生虫害，则要尽快喷洒杀虫剂。

墨西哥国花

　　仙人掌是墨西哥的国花，墨西哥人对仙人掌的热爱就像我们喜欢梅、兰、竹、菊一样。仙人掌在墨西哥不仅是被栽培的绿化植物，而且涉及生活的方方面面，如吃仙人掌、喝仙人掌饮料、用仙人掌入药等，他们的庭院内步道旁种满了仙人掌。

施肥

春季翻盆时要施一些盆底肥，可选肥效缓和的骨粉或是腐熟鸡粪肥，仙人掌对肥料的需求不高，如果底肥充足可不必再过多施肥，只等入夏前再施一些缓释肥即可。

❗ 截面消毒是扦插成功的基本要素

仙人掌的肉质茎如果不进行消毒，直接扦插很容易腐烂而导致扦插失败。应剪下肉质茎后，先放在阴凉处风干一天，然后在创口上涂抹一些草木灰，也可将增效联磺片研磨成粉末，涂抹在创口，一样具有杀菌消毒的作用。

强大的解毒功效

仙人掌或是仙人球的茎肉有解毒功效，将外皮剥去，将茎肉捣烂敷于蚊虫叮咬处、疮毒处可缓解痒痛和肿痛症状。如果家中有小动物误食分量不多的毒药，赶紧用捣碎的仙人掌灌服可有效解毒。

Q：仙人掌的花语是什么?

A：仙人掌的花语是坚强。如果有朋友受挫，可以赠予他一盆仙人掌，鼓励他坚强起来。

传说在造物主刚刚创造仙人掌时，它并没有那层坚硬的外壳和可怕的针刺，所以它经常受到伤害，流出如泪水般晶莹的汁液。后来造物主同情它，就给仙人掌加上了一层坚硬的外壳，外壳上布满了密集的针刺，人们一旦靠近就会被仙人掌的针刺给刺伤，因此对仙人掌的抱怨越来越多。某日一位战士想缓解人们的怨气，于是一刀砍向仙人掌，结果鲜嫩的汁液流下来，人们才发现仙人掌的内心是如此脆弱和不堪一击，它只是在装坚强。后来就把坚强作为了仙人掌的花语，如果想鼓励身边亲人朋友振作、坚强起来，可以赠送他仙人掌。

Q：世界上最高的仙人掌有多高呢?

A：在美国南部和墨西哥的沙漠上，有一株高21米的仙人掌，是目前世界上最高的仙人掌，重达10吨。据说经过测算，想把它运走，必须要砍成一段段，用两辆大卡车才能拖走。

大花蕙兰

科属：兰科兰属
别称：蝉兰、喜姆比兰

原产地 大花蕙兰原产于印度、泰国和我国南部等地区，是这些地区兰属中的一些附生性较强的大花种和主要以这些原种为亲本获得的人工杂交种。

外形 大花蕙兰茎挺立，剑叶从基部长起，每个花梗上着花数十朵，花瓣厚实，花色繁多，花期长，是近些年来非常流行的室内盆栽植物。

空间布置

　　大花蕙兰是近些年来热销的年宵花卉，将其摆放在玄关，可提升居室幽雅、欢快的气氛。大花蕙兰可搭配任何风格的居室，摆放在中式风格的居室中，可显现出大花蕙兰清幽、古色古香的气韵；摆放在简约风格的居室中，则能很好地衬托出居室的大气淡雅；摆放在华丽的欧式风格居室中，则能凸显出大花蕙兰的雍容富贵之气。

　　大花蕙兰的植株有大中小之分，一般居室，面积不太大的，选择中小株型便可以了，可以摆放在茶几、电视柜边、窗台、书桌等处。

栽培管理

　　1. **介质**：兰花都有专用的栽培土，种大花蕙兰可以用苔藓、蕨根、树皮块、木炭等混合的栽培土。

　　2. **浇水**：大花蕙兰喜欢潮湿的环境，盆土不要过于干燥，夏天闷热时早晚各浇水一次，湿度不够时还要向叶片喷水。足够的湿度是植株健康生长和顺利开花的根本条件，但湿度与浇水次数和浇水量不同，湿度是植株周围环境中水分的多少，而不是盆中含水量的多少。湿度不够可开加湿器，或是盆栽旁边搭一条湿毛巾。

净化空气

　　大花蕙兰可吸收空气中的有害物质，起到给居室净化增氧的效果。如果家中刚装修过房子，室内甲醛等有害气体可能会超标，可以摆放几盆大花蕙兰，既能给居室增添雍容华贵的气质，还可以消除一定量的甲醛气体。大花蕙兰的花期正好在春节前后，优雅的花姿和艳丽的花色刚好能衬托出节日的喜庆氛围，不论是自家居室摆放，还是送给乔迁新居的朋友，都特别合适。

日常养护

光照　喜欢散射光，冬季放在室内南阳台保证光照充足，夏季要适当遮阴。

温度　10～25℃是大花蕙兰生长的最佳温度，冬季低于0℃可能会发生冻害，夏季超过35℃，植株会慢慢停止生长。

修剪　花期过后，将病叶、弱叶、枯叶修剪掉。

繁殖　常用分株的方法，分株要等植株开花后进行，将尚未长成的新芽切下，放到阴凉处风干1天左右移栽上盆，即可长成新的植株。

病虫害　病害主要是黑斑病，可用百菌清溶液喷洒植株，半月一次，直至病害结束。虫害主要是叶螨等害虫，百菌清或是甲基托布津即可消灭虫害。

施肥

　　大花蕙兰喜肥，每年都要在换盆时施足盆底肥，植株在生长新芽时要保证每周都施一次稀薄、腐熟的饼肥水。花芽分化期，每月用磷酸二氢钾1000倍稀释液喷洒植株，可使植株粗壮，花朵艳丽。

　　现在市面上还有兰花专用的缓释肥，这种肥料不但绿色环保，而且施用起来很方便，肥效长达半年左右，其肥力释放比较均匀，所以不必担心肥力过强烧坏根部等问题。

杂交品种——大花蕙兰

　　大花蕙兰是世界著名的"兰花新星"，它是由我国的独占春做母本和碧玉兰做父本，于1889年在英国首次杂交培育而得的。

⚠ 大花蕙兰的常见品种

　　大花蕙兰花色丰富，品种繁多，但凡对其稍微了解的人都知道，虽然都是大花蕙兰品种，但它们各自的名字也美得很。

红色系：福神、红霞、酒红、新世纪

黄色系：明月、龙袍、黄金岁月

粉色系：梦幻、贵妃、修女

绿色系：翡翠、幻影、玉禅、碧玉

白色系：黎明、冰川

橙色系：梦境、百万吻、釉彩

Q: 大花蕙兰如何进行光照管理?

A: 多数兰科植物都不耐强光，散射光或是半阴条件最好。大花蕙兰喜欢光照充足一些的环境，但也怕强光直射，所以除了夏季需稍微遮阴外，秋、冬季节都要保证充足光照，这样才可以保证茎、叶健康生长，花芽分化顺利，开花大而鲜艳。总之，不同时期适当的光照对大花蕙兰的生长开花影响很大。

Q: 大花蕙兰的幼苗要怎样照顾?

A: 大花蕙兰虽然喜欢阳光，但是，幼苗时期却不能接受强光直射。小苗需要遮阴70%~80%，大苗需要遮阴60%，深秋之后要多见阳光，以利于花芽分化和孕蕾开花。另外，小苗要在生长旺季保持基质湿润，要常给植株及根部喷水。

Q: 大花蕙兰要怎样换盆呢?

A: 当植株过大时，为了促进其继续生长和开花，应该及时进行换盆。换盆应在开花后或者是早春新芽萌发时进行。将植株从旧盆中倒出，剪去腐烂的根系和枯萎的叶子，将新盆底放入一层碎砖以利于排水和通气，把植株放入盆内，填入新的基质，用手压实后浇透水，尽量不要强光暴晒。

芦荟

科属：百合科芦荟属
别称：油葱、洋芦荟

原产地 芦荟原产于非洲热带干旱地区。

外形 芦荟叶片厚实，从茎基部抽出，呈莲座状簇生，有的叶片边缘有尖齿，有的则没有，叶片上的花纹因品种不同而有所差异。

64

空间布置

　　北方可以放在南阳台或是客厅茶几、电视柜边等位置，由于其特殊的净化作用，还可以摆放在卫生间、厨房等细菌、油烟重地。

　　在南方很多地区，芦荟是可以露培的，栽种在庭院里，可以起到净化室外空气的作用。

栽培管理

　　1. **介质**：芦荟要用疏松、透水好的土壤，可选择腐叶土、草木灰和河沙混合制作。

　　2. **浇水**：芦荟像大多数多浆植物一样，较耐干旱，不能积水，而且芦荟的根系多为粗壮的主根，很少有须根，水稍微多一点就会导致根系腐烂。春、夏、秋三季生长，夏季可每周浇水两次，春、秋季每周浇水一次，冬季半休眠，可不浇水或半月到一个月浇水一次。

净化空气

　　芦荟对甲醛的吸收能力超强，如果空气中的甲醛浓度超标，芦荟叶片上会出现褐色斑点，以起到警示作用。芦荟还可以净化二氧化碳、二氧化硫和一氧化碳等有毒气体，因此被称为"空气污染报警器"。

　　有实验显示，在接受4小时照明条件下，一盆中型芦荟可以消除一立方米空气中90%的甲醛，装修后，可测算一下空间面积，然后摆放相应盆数的芦荟，以起到净化有害气体的作用。

　　芦荟可以吸附环境中的灰尘，而且还可以起到杀菌的作用。芦荟对光照没有要求，可以摆放在湿度大、病毒细菌易于滋生的卫生间等处。

日常养护

 光照 芦荟喜欢光照，但不耐阳光直射，尤其是夏季高温高热时要注意，而其他季节都要保证阳光充足，在保证光照的同时也要注意通风。

 温度 最佳生长温度在15～25℃，夏季超过35℃植株会进入休眠期，冬季不可低于0℃，温度过低会把植株冻伤或冻死。

 修剪 芦荟一般不需要修剪，如果出现枯叶随时摘除即可。

 繁殖 分株或是扦插，分株即把母株周围生长出的小植株砍下分植，扦插即在母株上砍下粗壮的茎头，留6片左右叶子，在切口处涂抹一层多菌灵，或是将切口风干两天，插穗的水分挥发得越多，扦插的成功率也就越高。将插穗放在沙土中浅埋，半个月左右就会生根。繁殖最好选在春、秋季节进行。

 病虫害 芦荟基本上不会有虫害，只是夏季潮湿闷热的环境下容易根部黑腐，导致植株死亡。因此夏季要严格控制浇水，移到阴凉通风处度夏。

分布世界各地的芦荟

　　芦荟原产于非洲热带干旱地区，分布几乎遍及世界各地。在印度和马来西亚一带、非洲大陆和热带地区都有野生芦荟分布。在中国福建、台湾、广东、广西、四川、云南等地均有栽培，也有野生状态的芦荟存在。芦荟的野生品种至少有300种，其中非洲大陆就有250种左右，马达加斯加约有40种，阿拉伯等地也有分布。

施肥

芦荟生长比较缓慢，因此对肥料的需求不多，每年春季翻盆时，施足底肥即可不用再施肥。如果想让植株长势快些，可在春、秋两季各施一次稀薄腐熟的饼肥水。

！芦荟的健康功效

芦荟除了有强大的净化功能，保健功效也是非常强大的。如果被蚊虫叮咬了，或是皮肤上长湿疹等，可割取一小块芦荟，去掉外皮，洗净后捣碎敷在患处，缓解痒痛感。当然，市面上还有售卖芦荟的干粉、芦荟茶、芦荟饮料等，很多餐馆还将芦荟作为凉拌菜供客人食用，但家养芦荟要慎食。

如果家里有中国芦荟、木立芦荟、翠叶芦荟等品种，外用会比较方便安全。取芦荟叶片一截儿，将其汁液涂抹在手臂内侧或大腿内侧，几个小时后若没有特别反应，即可以放心使用。

Q：芦荟有哪些品种？

A：芦荟的常见品种可分为观赏类和食用、药用类两种。一般观赏类芦荟植株都比较矮小，适合家庭室内栽培，如翠花掌。而食用、药用类芦荟植株都比较高大，有的品种甚至高达2米，它们的叶片肉质厚实，可以用来食用或制作药品、护肤品等。

目前，有五种芦荟可以食用、药用。分别是中华芦荟、翠叶芦荟、好望角芦荟、木剑芦荟、皂素芦荟。

Q：芦荟可以制作哪些美食？

A：在世界各地，芦荟的食用价值被广泛开发。我们国家主要有芦荟果酱、芦荟酒、芦荟饮料等。在不少餐厅，也烹饪出售芦荟炒腰花、芦荟炒牛肉、芦荟炒鸡蛋、芦荟羊汤、芦荟饺子、凉拌芦荟等。但餐厅的芦荟都是经过专业厨师处理过的，因此无毒可食，家庭食用还是要慎重。

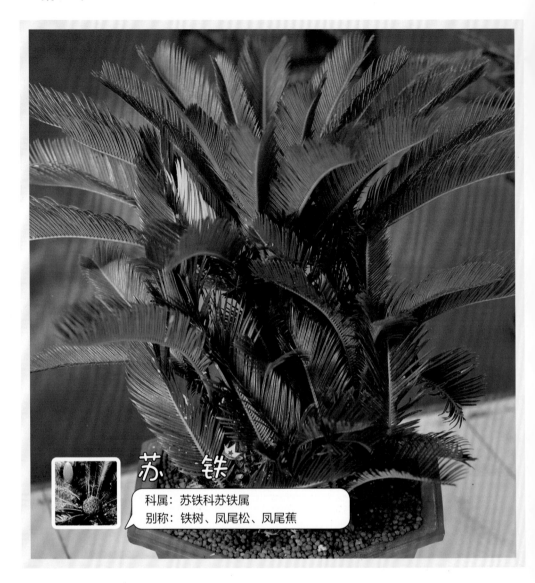

苏 铁

科属：苏铁科苏铁属
别称：铁树、凤尾松、凤尾蕉

原产地 原产于亚洲东部和东南部，现在我国南部、印尼、日本、菲律宾均有分布。我国南方地区露地栽培，北方室内盆栽。

外形 苏铁茎干粗壮，叶从茎顶部生出，呈螺旋状排列，叶坚硬有光泽，叶端尖。苏铁是雌雄异株的植物，6～8月是雄花期，10～11月是雌花期，也就是说，可以根据花期的不同来判断植株是雄树还是雌树。

空间布置

　　如果客厅面积较大，种植大型植株的苏铁是较佳的选择，因为它植株挺拔，叶色浓绿，可以减少空间的空旷感，摆放在沙发一角或是墙壁角落处，会让客厅看起来生机无限，且能增加古朴典雅的感觉。如果客厅的面积较小，可摆放中小型植株的苏铁，会让居室看起来具有异域风情。但需要注意的是，苏铁尽量摆放在人们不常走动的角落处，因为它的叶片比较硬，可能会扎到人。

栽培管理

　　1. **介质：**苏铁喜欢富含腐殖质且排水好的土壤。可选腐叶土、泥炭土、河沙混合配制。

　　2. **浇水：**苏铁是比较喜欢潮湿环境的，因此浇水要本着宁湿勿干的原则。春季和夏季是苏铁生长旺盛的季节，要尽量多浇水，但也要保持通风，不要积水。夏季闷热，水分挥发快，早晚各浇水一次，必要时向植株喷雾，秋季每周浇水一到两次，冬季适当延长浇水时间。

净化空气

　　　　苏铁对空气中的二氧化硫、过氧化氮、乙烯、汞蒸气、铅蒸气等有很好的吸收和净化作用。

　　　　除了净化以上有害物质，苏铁还可以吸收家具中散发的苯，家庭装修后，尤其是添置了大量新家具后，可以摆放几盆苏铁来净化居室内的有害气体。

苏铁喜欢光照，稍耐半阴，夏季日照强烈时，可庇荫30%，其他季节放在光照充足处生长更佳。

最佳生长温度在15～28℃，冬季低于0℃可能发生冻伤，要移到室内越冬。

苏铁生长比较缓慢，一般每年只能生出一轮新叶，因此修剪比较简单，只需剪掉枯叶、病叶即可。

苏铁可用种子繁殖、扦插繁殖和分蘖繁殖，因为前两种繁殖培育方法比较难，所以如果家庭想尝试繁殖苏铁，分蘖繁殖法是可以尝试的，即将植株根茎底部滋生出的分枝进行分离，重新上盆培养，成活后便成新的植株，这种方法很像分株，但与分株不同的是，分蘖分为有效分蘖和无效分蘖，只有有效分蘖是能繁殖新植株的，无效分蘖不可以。

家庭种植苏铁，如果通风条件差，则有可能发生煤烟病、炭疽病等真菌感染，发生病害的同时会伴发介壳虫等虫害，此时要用多菌灵或是杀灭介壳虫的药物，同时要移到通风良好、光照充足处。

最古老的植物之一

　　早在古生代二叠纪，苏铁就出现在地球上，侏罗纪是苏铁繁盛的时期，那时地球的南北半球均有覆盖，后来由于冰川侵袭，大面积苏铁灭亡，只有亚洲东部和东南部等地区有幸存，它们的年龄与恐龙相仿，因此被称为植物界的"活化石"。

施肥

　　苏铁在绿植中是比较喜肥的，需要常施肥才能保证植株生长好。苏铁主要的生长季是在春、夏、秋三季，春、秋两季要每周施肥一次，夏季可延长至两周施肥一次。所施的肥料可选饼肥水，但必须是腐熟稀薄的，每次施肥时，稍加一些硫酸亚铁，因为苏铁比较喜欢微酸性的生长环境。苏铁对各种微量元素都有需求，因此每月要施一次复合肥来补充镁、铁、锌等微量元素。

Q: 苏铁真的千年开花吗？

A: 苏铁一般在夏天开花，它的花分为雌花和雄花两种。雌花像一个大绒球，最初是灰绿色，最后会变成褐色。雄花像一个巨大的玉米芯，开花时呈鲜黄色，成熟后变成褐色。苏铁开花不醒目，它的花不似其他艳丽的鲜花那样夺目，所以经常被人忽视，于是有了千年铁树不开花的说法。

Q: 苏铁与西米有关系吗？

A: 西米是由苏铁茎干中的淀粉制作而成的，因此它们之间的关系非常密切。西米可以制作成很多种美味的甜品，如木瓜西米露、杧果西米露等。西米具有健脾补肺、消积化痰的功效。在冬、春季节，常食一些西米对身体健康有益。

Q: 关于苏铁有哪些传说？

A: 传说中，有一个大户人家捉住了一只金凤凰，他们将金凤凰关在笼子里，喂它上等的食物，想方设法想要金凤凰展开羽毛以供欣赏，但是金凤凰并没有展开过羽毛，也不吟唱跳舞，始终反抗着，未被驯服。这个户主终于失去了耐心，竟然令人活活烧死了金凤凰。但是令人惊奇的是，在大火过后的灰烬中，居然长出了一棵小树。后来为了赞扬金凤凰不屈服于淫威的刚强品格，加上该树的树干如铁一般坚硬，所以人们就将其称为"铁树"。

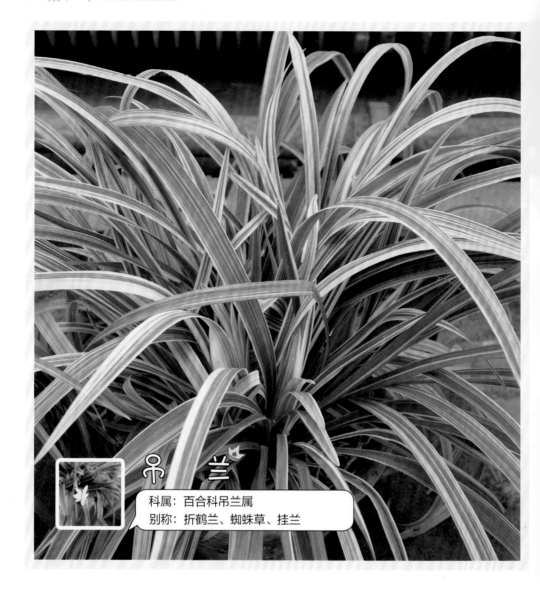

吊　兰

科属：百合科吊兰属
别称：折鹤兰、蜘蛛草、挂兰

原产地 吊兰原产南非，现世界各地均有。在我国，主要分布在四川、西藏、云南等地。

外形 根肉质，叶片细长，形如兰花叶片。在叶腋处抽生出匍匐茎，匍匐茎顶端簇生叶片，垂于盆边，外形好像跃然起舞的仙鹤，因此吊兰的别名也叫"折鹤兰"。

空间布置

　　吊兰是较耐阴的植物，家庭中只要不是阳光直射的地方都非常适合吊兰茁壮生长。装饰客厅可将吊兰摆放在高花架上，其枝条四散垂下，既飘逸又增添典雅自然之气。栽种到吊盆中悬挂在墙壁上，如绿色瀑布从墙壁上倾泻而下，其四季常绿使居室富有生机。

栽培管理

　　1. **介质**：疏松、肥沃、保水性好的土壤适合养吊兰。可用菜园土、腐叶土、沙土混合配制培养土。

　　2. **浇水**：吊兰喜湿，春、秋两季每天浇水一次或隔天浇水一次，夏季时除了阴雨天，可每天早晚各浇水一次，必要时向植株喷雾。冬季如果室温在15℃以上，可以每隔两到三天浇水一次。

净化空气

　　吊兰对一氧化碳、二氧化碳等有害气体具有很强的抗性和吸收作用。它还能分解打印机、复印机等释放出的苯等有害物质。据测试，吊兰能吸收空气中95%的一氧化碳和85%的甲醛，还可以净化空气中的细菌和微生物，对香烟中的尼古丁也有一定吸收作用。在一间8～10平方米的房间里，在24小时内，吊兰可以净化掉80%的有害物质，因此有"绿色净化器"的美称。

日常养护

光照

吊兰喜散射光，耐半阴，忌阳光直射，夏季要庇荫50%左右，冬季可放在光照充足、温暖的地方。

温度

15～25℃最适合吊兰生长，低于10℃会生长缓慢，冬季要注意防冻，5℃以下就可能发生冻伤了。

修剪

吊兰不需要特别修剪，按时剪去黄叶、枯叶和病虫叶即可。

繁殖

家庭繁殖吊兰常用分株或是幼株扦插。分株可在每年春季翻盆时进行，将带根的株丛分成几份，分别栽培。或是将花葶上带根的幼株剪下来移栽，这个随时可以进行。

病虫害

吊兰很少出现病虫害，叶丛过密、通风不畅会导致根腐病、炭疽病或介壳虫、粉虱等。这些花卉常见病的防治方法前面都有介绍。但最好的办法还是加强通风、及时修剪并做到水肥管理恰当。

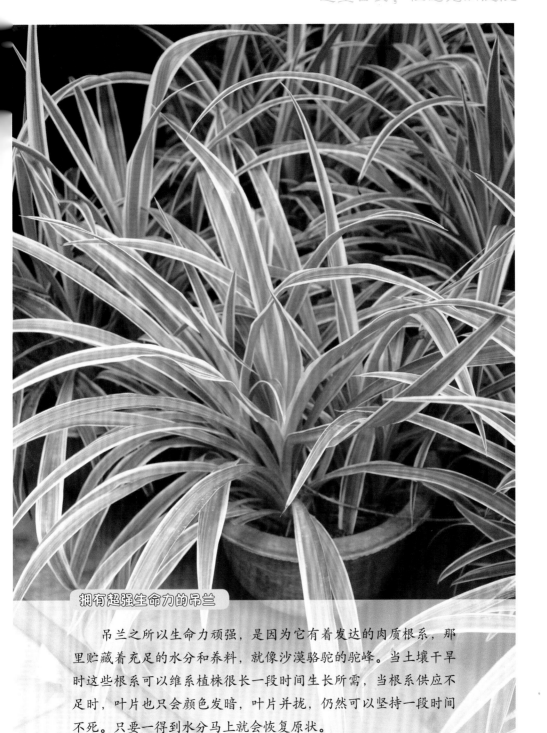

拥有超强生命力的吊兰

吊兰之所以生命力顽强，是因为它有着发达的肉质根系，那里贮藏着充足的水分和养料，就像沙漠骆驼的驼峰。当土壤干旱时这些根系可以维系植株很长一段时间生长所需，当根系供应不足时，叶片也只会颜色发暗，叶片并拢，仍然可以坚持一段时间不死。只要一得到水分马上就会恢复原状。

施肥

春、秋两季是吊兰的主要生长期，必须保证肥水充足，可每月施三次稀薄腐熟复合肥，市面上有专门的观叶植物液肥，营养元素多样，环保又无异味，家养绿叶植物可选用。

！吊兰的种类

金心吊兰：叶中心呈黄色纵向条纹。

金边吊兰：在绿色的叶片上有黄色的线条围绕叶的周围。

银边吊兰：绿叶的周围有白色的叶边。

银心吊兰：叶片的主脉周围有银白色纵向条纹。

宽叶吊兰：叶片呈宽线形，叶边有微微的褶痕。

Q：吊兰花语有什么典故？

A：吊兰的花语是"无奈又给人希望"。这个花语有个典故，据说从前有个考官，在一次考试中他打算窜改一位优秀考生的试卷，为的是让自己的儿子一举中第。就在他打算窜改试卷时，皇帝私访而来，他情急之下将试卷顺手藏在桌边的兰花中。但这个秘密还是被皇帝发现了，皇帝就把这盆兰花赏赐给他。这位考官十分羞愧，不久就病倒了。而他私藏试卷的那盆兰花也因为羞愧再也没能直立生长起来，茎叶也就一直弯曲生长了。

Q：吊兰能死而复生吗？

A：有些叶子干枯掉落的吊兰貌似"死"了，其实并没有"死"，它只是受了伤害而已。只要它的根系还活着，我们对它稍微关心，它就会死而复生。用剪刀把距盆土4厘米以上的叶子全部减掉，把处理好的吊兰放到阴凉通风的地方。等盆土表面2~3厘米的深度土壤干透了之后再浇水，但不要浇太多。待吊兰的小芽长出来后，才可以多浇一些水。

常春藤

科属：五加科常春藤属
别称：三角藤、爬树藤

原产地 常春藤的原产地是亚洲、欧洲和非洲，我国华北、华南、华东、西南等很多地区都有栽培，目前我国主要栽培的品种有中华常春藤、加那利常春藤、波斯常春藤等。

外形 常春藤为爬藤植物，绿色肉质茎匍匐生长，叶片椭圆形，两裂，互生，有的品种叶片先端尖，有的品种叶片先端椭圆，茎上易生长气根攀附于树干、篱笆、墙壁等处。

空间布置

　　常春藤是为数不多的喜阴植物，家里一切不能摆放喜阳植物的地方，都可以放常春藤，如油烟多的厨房、阴暗潮湿的卫生间，常年光线不佳的玄关等，书房的书柜顶部也适合放常春藤，枝叶蜿蜒垂下，能增添书房的文雅之气。

　　家中若有庭院，常春藤也非常适合地栽，可以顺着廊柱或墙面向上攀爬，形成一片绿茵的装饰效果。点缀居室的同时，也带给了家人洁净的空气。

栽培管理

　　1. **介质**：常春藤对土壤没有过多挑剔，疏松即可。不管你用什么基质，加上一些河沙就可以了。基质可以用腐叶土、菜园土加少量河沙混合配置。

　　2. **浇水**：常春藤喜欢潮湿的环境，土壤要保持微微湿润的状态，但不可以积水，会烂根的。夏季炎热，水分蒸发快，可适当多浇一些水，必要时可以给枝叶喷雾。

净化空气

　　常春藤可以吸收甲醛、苯等有害物质，还能吸收香烟中的尼古丁。它所散发出的清幽气味可以起到杀菌消毒的作用，而且它还可以吸附空气中的粉尘。在所有净化作用中，它对苯的净化能力是最强大的。装修后，苯存在于墙面漆、各种板材中，一盆中型大小的常春藤可以吸收室内90%的苯，有效减少其对人体的危害。

日常养护

光照

最好将其置于半阴环境中，夏季庇荫80%左右。

温度

最佳生长温度在20～25℃，冬季10℃以上可以正常生长，低于0℃有可能发生冻伤，叶片变黄掉落，夏季高于35℃植株会停止生长。

修剪

修剪多是修去残枝败叶、枯黄叶、病虫叶，除此之外，不太需要过多修剪。

繁殖

繁殖多用扦插繁殖，剪下一段茎节，插入沙土中即可生根，长成新的植株，最好选木质化多一点的茎节。

病虫害

在通风不畅的情况下，容易生蚜虫、介壳虫等，防治方法是保持通风，温度不要过高，一旦发生虫害，可用绿色环保的杀虫药喷杀。

常春藤的寓意

　　常春藤又叫"长春藤"，送友人表示友谊之树长青。如果朋友结婚，送新娘的花束中也少不了常春藤，祝愿"新婚幸福，白头偕老"。常春藤还代表着忠诚、婚姻、爱情、友谊、感情，有着友情或者爱情永远保鲜、永不褪色的寓意。

施肥

春、夏、秋三季，可以每个月施肥一次，稀薄的氮、磷复合肥即可。夏季施肥时最好选在温度不高的早晚时段，正午温度高，蒸腾快，肥效释放迅速，可能会烧根。

! 历史悠久的爬藤植物

说起爬藤植物，人们最先想到的可能就是爬山虎，院落外墙、篱笆上一到夏季，满眼都是绿色的爬山虎，既缓解眼睛疲劳状态，也给人带来了阴凉。但实际上，常春藤才是栽种历史最为久远的爬藤植物。唐朝的《本草拾遗》中就已经对常春藤药用做了记载，也就是说，在唐朝时，我国就已经栽种常春藤了。

但常春藤的品种比较多，我国栽培历史比较悠久的品种为中华常春藤，在20世纪初期，引种栽培了西洋常春藤。

养花Q&A

Q: 常春藤的花卉礼仪是什么?

A：在很多欧美电影中，新人结婚常见这样一个场景，牧师交给新人们一枝常春藤，寓意他们彼此忠诚，因为常春藤是忠诚的象征。在我国，常春藤还象征永葆青春和长寿，可以送给老人们。

Q: 瑞典常春藤与常春藤是同一科属吗?

A：在花卉市场上，有一种绿色观叶植物叫瑞典常春藤，它的茎呈紫褐色，叶片卵圆形，叶缘有锯齿，属蔓生植物，也同常春藤一样可做家庭垂挂植物。它们虽然名字相近，外貌也相近，却不是同一科属的植物，瑞典常春藤是唇形科香茶菜属植物，与常春藤绝非亲属。

Q: 常春藤可以酿酒吗?

A：在16世纪的英国，常春藤是可以用来酿酒的。把常春藤混在麦子里，就会使麦子变成啤酒。在希腊神话中，常春藤代表着酒神狄奥尼索斯，可能也与常春藤能酿酒有关系。

虎尾兰

科属：百合科虎尾兰属
别称：虎皮兰、千岁兰、虎尾掌

原产地 虎尾兰原产地在非洲，那里干旱少雨，所以生长的都是地下根茎和叶片相当肥厚的植物，以备少雨时维持生命。

外形 虎尾兰的根茎为肉质，地上部分几乎看不到茎干，叶片从根茎基部抽出，叶片剑形，硬革质，有的品种叶色呈深绿，有的则有纹路或是斑点，叶面微被白粉。

空间布置

虎尾兰的叶片挺拔直立，不管是小型植株还是大型植株，都不会出现乱爬的枝蔓和特别占地方的叶片，在盆栽植物中绝对是比较节省空间的。但虎尾兰是比较喜欢光照的植物，必须摆放在光线充足的位置，如室内朝南的阳台、窗台，或是明亮的客厅、书房等处。

栽培管理

1. **介质**：虎尾兰根系都是粗根和直根，没有过多须根，更适宜用疏松、排水好的沙质土壤，要保证土壤中有30%的大颗粒介质，这样能使根系更畅快地呼吸。

2. **浇水**：虎尾兰耐旱，忌水湿，春、秋、冬三季保持盆土表层微干，夏季高温时会短暂休眠，要减少浇水，如遇到阴雨天要适时断水，以免根系腐烂。

 净化空气

虎尾兰的净化功能很强大，对二氧化碳和一些家装后残留的有害物质都能很好吸收。譬如对甲醛、苯、硫化氢、氟化氢、三氯乙烯、乙醚和一些重金属颗粒等，都有吸附或是净化的作用。尤其是对甲醛，据资料记载，在15平方米左右的房间里，摆放两盆中型的虎尾兰，可以有效吸收甲醛，减少其对人体的危害。

日常养护

光照　虎尾兰喜光，也耐半阴，四季都可以放在散射光下生长，夏季要适当庇荫。

温度　最佳生长温度在20~30℃，冬季10℃以上可以正常生长，低于10℃要减少浇水，让植株缓慢进入休眠期，以便更好越冬。

修剪　虎尾兰一般不需要修剪，如果发现枯叶或病叶，剪除即可。

繁殖　繁殖可用分株和叶插法，叶插即剪下一年以上的老叶，切口消毒后风干一到两天，切口向下插入基质中即可。分株多在春季翻盆时进行，将幼株切下分盆栽培，成活后即变成新植株。

病虫害　如果通风条件好，没有积水，虎尾兰一般不会发生病虫害。

虎尾兰的品种介绍

　　虎尾兰有金边虎尾兰、短叶虎尾兰、金边短叶虎尾兰、圆叶虎尾兰、姬叶虎尾兰、广叶虎尾兰，它们的区别在于其叶片的长短各有不同，叶片颜色也是各具特色的。

施肥

　　虎尾兰种植的时候可以先在盆底放一些有机肥，再施加一些家禽粪便，施用少许麻饼粉水也可以。到了生长后期，就可以不需要使用肥料，因为虎皮兰天生具有抗旱耐贫瘠的能力。虎皮兰对肥料的需求不是很高，在生长需求高的季节，只要每隔30天左右施一到两次薄肥就可以了，这样就能保证植物的叶片有光泽，使其绿意盎然。

Q: 虎尾兰有什么药用价值?

A：虎尾兰和很多植物一样，具有良好的药用价值。将虎皮兰叶片剪下洗净，捣烂成泥状，敷在患处，可有效缓解跌打损伤的痛感和水肿情况。被蚊虫叮咬后，敷虎尾兰，可以消毒止痒。

Q: 虎尾兰的家庭摆放场所有哪些?

A：虎尾兰叶片坚挺直立，姿态刚毅，奇特有趣。其品种较多，株形和叶色变化较大，对环境的适应能力强，适合摆放在书房、客厅、卧室等场所，可长时间观赏。

Q: 虎尾兰会开花结果么?

A：会的。只要是用心呵护，虎尾兰也是会开花结果的。但是小虎尾兰是不太可能开花的，要生长5年以上的虎尾兰才有可能开花。虎尾兰的花期在11~12月，花期较短，长则20天，短则一周左右。在花期进行人工授粉，就有可能结果。

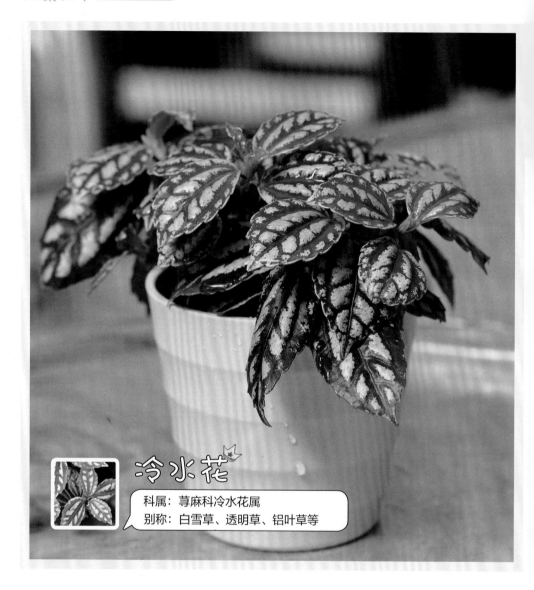

冷水花

科属：荨麻科冷水花属
别称：白雪草、透明草、铝叶草等

原产地 原产地是越南，原在热带、亚热带地区露地栽培，现我国各地均有栽培，北方多作为盆栽观叶植物。

外形 冷水花一般株高30厘米左右，茎直立，容易分枝，丛生，叶片呈椭圆形，先端尖，叶缘有不规则锯齿，叶色深绿，上面有白色或灰白色花纹。在每年6~9月会开花，花聚伞状，黄白色。

空间布置

冷水花是非常理想的小型观叶植物。不管是大房子还是小房子，都可以成为冷水花的容身之地，可摆放在窗台、茶几、书桌、餐桌等边角处，也可以用吊盆挂在墙壁上或是柜顶。但冷水花不能放在阳光直晒的地方，否则会使叶片上的花纹变淡，降低观赏性。

栽培管理

1. **介质：**疏松肥沃的沙土比较适合种植冷水花，配制培养土可用草炭土、河沙和锯末混合。

2. **浇水：**冷水花喜湿不喜干，任何时候都要保持土壤湿润，夏季除了早晚浇水，还要常向叶面喷水。

净化空气

　　冷水花可以净化二氧化碳和装修后家具、油漆等释放的甲醛、二氧化硫等有害物质，而且它植株翠绿小巧，非常适合摆放在窗台、桌边等处，既能美化、净化环境，又节省空间。

　　冷水花的强大之处在于它能净化掉厨房烹饪时产生的油烟，要知道，很多植物在油烟大、空气流通差的厨房是没法好好生长的，但冷水花就不同了，它不仅能很好地生长，还能净化厨房环境。

日常养护 🌱

光照

散射光最佳，可在半阴环境中正常生长，但不耐阳光直射。

温度

最佳生长温度在15~25℃，夏季可耐高温，但冬季不耐低温，低于10℃会发生冻伤。

修剪

冷水花的修剪主要是摘心，当幼苗长到15厘米左右，叶腋滋生出的新芽可以适时摘掉，这样做的目的是使植株株型更加饱满，但也不能摘心太多，否则植株会长势衰弱。

繁殖

冷水花最常用的繁殖方法是扦插和分株，在春、秋两季进行扦插繁殖，方法是取顶枝的茎干10厘米左右，插入细沙中，保持沙土湿润，一般半个月左右会生根。分株主要在春季换盆时进行，将丛生的植株分成几份分别栽培，这就是分株。

病虫害

冷水花比较容易犯病害，最常见的是叶斑病和根腐病，这都与盆土积水和通风不畅有关系，叶斑病可用波尔多液喷洒，根腐病要及时给植株修根，将腐烂的部分修剪掉，并用多菌灵溶液浸泡根部后再上盆。

冷水花的品种介绍

　　冷水花的品种有花叶冷水花、山冷水花、透茎冷水花、小冷
水花、蛤蟆叶冷水花，我们在市面上常见到的是花叶冷水花。

施肥

冷水花对肥料的需求不多，秋、冬季不需要施肥，其他两季每月施一到两次复合液肥，但不可施过多氮肥，氮肥多了枝叶会徒长，植株松散，易倒伏。

！相关花语

冷水花的花语有些悲伤，是"爱的别离"。翠绿的叶子，可爱的外形却一点也不像它的花语那样充满离愁别绪。

冷水花的净化能力超群，因此非常适合赠送给常在厨房忙碌的妻子，赠送礼物带去惊喜的同时，更带去健康。

Q: 冷水花的"火炮"现象是怎么回事?

A: 冷水花还有一个别称叫"火炮花"，缘由是冷水花开花时，如果向花朵喷水，花粉会像烟花一样喷出来，而且还会发出形象的响声，特别像放烟花和火炮，因此别名"火炮花"。

Q: 冷水花有毒吗?

A: 冷水花当然是没有毒的，并且可以药用。冷水花性淡、苦、凉，有清热利湿之效，对于黄疸、肺结核等病的治疗有一定效果。更何况我们平常种植也不会将其含在嘴里，所以大家可以放心种植啦。

Q: 怎样防止冷水花叶尖变黑?

A: 防止冷水花叶尖变黑要遵循几个原则。首先不要放在无阳光的位置；第二点是浇水要在表土见干后即浇透，不要等其完全干旱；第三点是不要放在有漏风的门窗处，以免冻害；第四点是不要放在空调风口或暖气片周围；第五点是施肥要少施。遵循这五点原则，你的冷水花就会郁郁葱葱地生长啦！

花叶万年青

科属：天南星科花叶万年青属
别称：黛粉叶

原产地 原产于南美，现在我国广东、福建等地被普遍栽培。

外形 花叶万年青是多年生草本植物，无地上茎，根状茎比较粗壮，叶片从根状茎丛生，叶片有长柄，叶形多为长椭圆形或卵圆形，春、夏两季会从丛中抽出花葶，小花白绿色，素雅清新。

空间布置

花叶万年青叶片宽大翠绿，各异的斑纹充满异国情调，常被摆放在客厅、书房等的桌案上，会显得居室大气典雅。花叶万年青的好处是不管居室风格如何，它都能搭配出不同的情调，中式风格的居室可将花叶万年青摆放在进门玄关处，或是在屏风边，凸显贵气。如果是简约或是田园风的居室，则摆放在沙发边或是茶几的边角处，会凸显居室的自然气息。

花叶万年青有喜庆、吉祥如意的意义，也非常适合摆放在婚房中，为新人增添喜气。如果身边有朋友新婚，是可以把花叶万年青当作礼物赠送的。

栽培管理

1. **介质：** 富含腐殖质的微酸性沙土适合栽种花叶万年青，基质可以用腐叶土、沙土、泥炭土配制。

2. **浇水：** 花叶万年青喜干不喜湿，过多的水会使根系腐烂，因此除了夏天高温、高湿季节需要勤浇水，其他季节，一周浇水一到两次就可以了。夏天除了必要的浇水，温度高时可向叶片喷些水。

净化空气

家庭装修后，室内一定会存留有三氯乙烯，这种物质超标会对人的神经系统有一定麻痹作用，可能会头晕、乏力、嗜睡。因此要注意家装后，家人没来由地出现以上症状，则要考虑会否是三氯乙烯超标，要尽早检查和净化。

花叶万年青除了对三氯乙烯有超强的吸收作用外，还可以吸收甲醛等装修遗留的有害物质，还对香烟中的尼古丁有净化作用。但是花叶万年青的汁液有毒，当心不要把茎弄破，家里有小孩子的话最好把盆栽放到高柜上。

日常养护

光照

半阴环境最适合花叶万年青生长，光线太弱会影响植株生长，光线太强会灼伤叶片，如果发现叶尖变黄或是出现焦边现象，则是阳光直晒导致的。

温度

最佳生长温度为15~18℃，北方冬季暖气房内要保持温度不得高于16℃，否则会使植株徒长，减缓来年春季的生长速度。

修剪

有句话是"四月八，花叶万年青修发"，也就是到了农历四月，阳历5月份左右，要给花叶万年青修剪枝叶，剪去弱枝、细小枝、病虫枝、枯黄的叶片等。

繁殖

家庭繁殖花叶万年青，分株是最简单的方法，可以在春季翻盆时进行，也可以在晚秋植株生长缓慢时进行，将植株根茎处萌发出的侧芽带根切下，在伤口处涂抹多菌灵粉末，然后将带根侧芽上盆，即可长成新的植株。

病虫害

常见病虫害有叶斑病、炭疽病、介壳虫等。预防病虫害要做到两点，第一通风要好，第二要少浇水，避免积水。

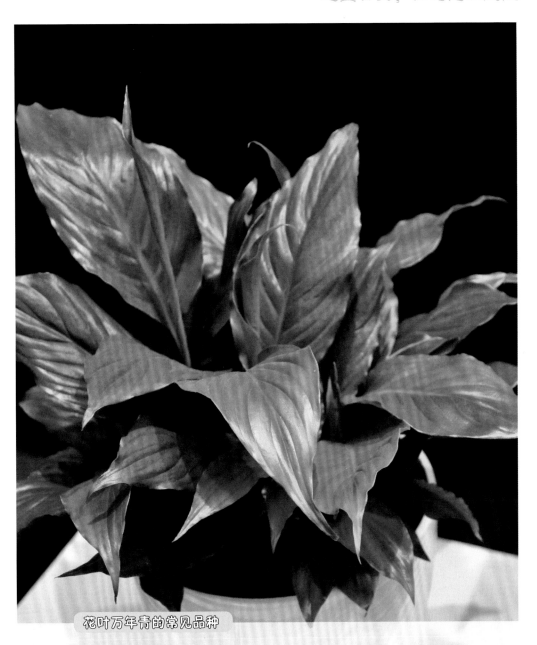

花叶万年青的常见品种

大王黛粉叶：叶面沿侧脉有乳白色斑条及斑块。暑白黛粉叶：浓绿色叶面中心呈乳黄绿色，叶缘及主脉呈深绿色，沿侧脉有乳白色斑条及斑块。白玉黛粉叶：叶片中心部分全部为乳白色，只有叶缘叶脉呈不规则的银色。

施肥

花叶万年青喜薄肥，除了冬天不施肥，其他三个季节，每隔半月施一次稀薄的复合肥水。

① 摆放禁忌

花叶万年青全株有毒，一旦不慎进食花叶万年青汁液，会出现腹泻、呕吐等症状，接触到皮肤，皮肤会红痛发痒。因此，家养花叶万年青要格外注意，不要割破茎叶，避免汁液流出。如果家中有幼儿，则要将花叶万年青摆放到高台、窗台或花架高处。

Q: "冬不凋"别名是如何得来的?

A: 花叶万年青5、6月份开花，9、10月份结果，但结果的多少是跟授粉有关系的，授粉的方法很多，要给花叶万年青授粉，非蜗牛不可。方法是5、6月份开花时，把花叶万年青放到阴湿的室内，让蜗牛授粉，授粉成功果实就会结很多，满枝都是红彤彤的果实，这些果实秋天长熟，整个冬天都不会凋落，因此别称"冬不凋"。

Q: 花叶万年青的近亲有哪些?

A: 如果仔细观察，不难发现在花市的绿植中，有不少植物与花叶万年青长相相近。如雅丽皇后、银皇后、白雪公主、黑美人等，它们的差异主要在叶片上，有的是叶柄颜色不同，有的则是叶片纹路或色彩不一样。但它们都是天南星科的植物，与花叶万年青是亲戚关系，因此净化作用也颇为相似。但天南星科还有个共同特点需要注意，它们的汁液都有毒，因此家庭栽种时要注意别碰其汁液，避免伤害到身体。

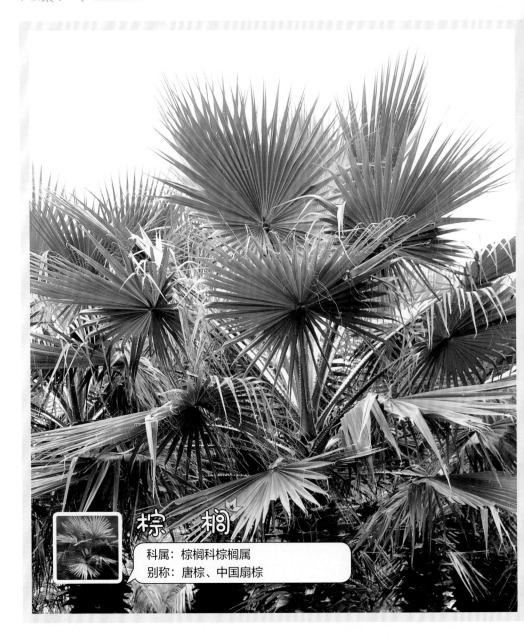

棕榈

科属：棕榈科棕榈属
别称：唐棕、中国扇棕

原产地 棕榈原产于我国，主要分布在秦岭、长江流域以南的温暖多雨地区。

外形 成年的棕榈树最高可达10米，树干呈圆柱形，大叶簇生于树干顶端，大叶形似蒲扇，具长叶柄，在4、5月份开花，10、11月份果熟。

空间布置

棕榈树形高大，南方多露地栽培，但在北方由于温度限制，多为盆栽，盆栽棕榈要选择大一些的盆器，紫砂盆器典雅贵气，比较适合与树形奇特的棕榈搭配。

客厅、书房、卧室等空间的角落处，或是一进门的玄关柜边，这些边角处适合摆放棕榈，但棕榈树形大，装饰大户型的居室更适合。

栽培管理

1. **介质**：肥沃、排水好的微酸性土壤最适合棕榈生长，可用沙土、腐叶土、菜园土加基肥混合配置。

2. **浇水**：棕榈喜欢潮湿的环境，但也耐一定的干旱，冬季每周浇水一次，其他季节每周浇水两到三次，夏季高温时须早晚向叶片喷水。

净化空气

棕榈对氯气、二氧化硫、氟化氢、汞蒸气等都有较佳的净化作用，并对这些有害物质有极强抗性和吸收能力，因此棕榈特别适合栽种在污染严重的厂矿地区。棕榈的净尘作用也是超群的，它的大叶片可黏滞空气中的粉尘，这在空气污染严重，且风沙大的地区极为有用。

据相关测验，1千克棕榈的干叶可以吸收硫化物16克，吸收氯气3克。棕榈成株在离二氧化硫污染源300米处依旧能良好地生长，可见其对二氧化硫的抗性和吸收能力是很强的。

日常养护 🌱

光照 棕榈喜光，但也比较耐阴，春、秋、冬三季都要放在向阳处，夏季光照强烈时，遮阴要达到50%以上。

温度 棕榈是热带植物，但却比一般热带植物耐寒，最适合的生长温度为18～30℃，冬季低于0℃也可以正常生存。

修剪 每年春季翻盆时要及时剪掉老叶、病虫叶、枯黄叶片。

繁殖 家庭中不适合繁殖棕榈。棕榈繁殖多用播种，但播种前期要做许多烦琐的准备工作，发芽至长出幼苗期间需要很长时间，家庭繁殖很难成功。

病虫害 棕榈最常见的病害是黑腐病，病菌常从叶片侵入，导致叶片枯黄，接着就会茎干枯萎，地上茎干枯萎后，地下根也会随之腐烂，直至全株枯萎。

棕榈树的摆放

　　棕榈树可以摆放在庭院中、水池边或庭院门口等处，大树巍峨挺拔，更有一番异国情趣，可对有害物质起到有效地净化作用，改善庭院环境。

施肥

棕榈喜肥，除了春季翻盆时需施足底肥外，每半月还要施一次稀薄腐熟液肥。

！关于棕榈的最早记载

棕榈叶片硕大，形状奇特，很像热带或亚热带植物，但实际上，棕榈在我国的栽培历史已经非常久远了。中国志怪古籍《山海经》就有对棕榈的描述："石翠之山，其木多棕。"

《本草纲目》中记载，棕片"可织衣、帽、褥、椅之属，大为时利"，棕片织绳可"入土千岁不烂"。

Q：棕榈油是怎么得来的？

A：棕榈的果实可以榨取油脂，也就是我们常听说的棕榈油。棕榈油可以食用，能够替代花生油、大豆油、葵花子油和动物油脂，非常容易被人体消化吸收。但目前为止，棕榈油被当作家庭烹饪用油还是比较少的，它主要用于食品制造业，譬如制作蛋糕、饼干、面包等食物。除了用在食品制造业，棕榈油还常被用来制作日用品，其中香皂就是常见产品之一。使用棕榈油制作的香皂，对皮肤温和，而且去污能力超强，香皂硬度也很好。

Q：棕榈树和椰子树外形相似，那么它们是同一种植物吗？

A：它们都属于棕榈科，但是棕榈树属于棕榈属，而椰子树属于椰子属。它们外形相似，但是对于生长的环境各有需求，并且外形细节上也是各有特点的。棕榈树较为耐旱，在干旱环境下依然可以顽强地生存下去，无论是过酸还是过碱的土壤中都可以茁壮地生长，就算是遇到受污染的环境，都可以生长。但是椰子则不同，椰子树对土壤有一定的要求，土壤中要富含丰富的钾肥，并且椰子树在低海拔的地方会较好地生长与发育。仔细观察可以看出，棕榈树的叶子多呈暗棕色，叶子比椰子树的叶子大很多，如同手掌形状。而椰子树的叶子多呈绿色中泛着黄色，且树干要比棕榈树的树干高出许多。

龟背竹

科属：天南星科龟背竹属
别称：蓬莱蕉、铁丝兰、穿孔喜林芋

原产地 原产地是墨西哥，在我国福建、广东等地广泛栽培。

外形 龟背竹茎粗壮且有竹子一样的节，茎上会长出气根，气根常常会攀附在其他物体上，龟背竹叶厚实革质，互生，叶形似乌龟壳，成熟的叶片上有不规则的羽状深裂，幼叶呈心形，上面没有穿孔。成熟的叶片为深绿色，幼叶为浅绿色。

空间布置

　　龟背竹叶形大，叶柄长，虽然占据空间较大，但植株的叶形奇特，姿态优美，非常适合绿化居室。小型盆栽可以放在卧室、书房等处，大型盆栽则可以装饰在庭院、花园、客厅等处。龟背竹是著名的耐阴植物，很多大户型或是别墅，常将龟背竹摆放在进门玄关处或是过道处，显得居室古朴典雅。

栽培管理

　　1. **介质**：龟背竹喜欢肥沃、富含腐殖质的微酸性土壤，可以用腐叶土、菜园土和河沙进行配制，在配土中要加入一定量的肥料。

　　2. **浇水**：龟背竹叶片大，水分挥发比较快，因此要常浇水，使土壤保持湿润状态。春、秋季一到两天浇水一次，夏季早晚各浇水一次，必要时随时给植株喷水，冬季三到四天浇水一次。

净化空气

　　龟背竹可以净化空气中的有害物质，尤其是对甲醛的吸收能力强。有实验证实，龟背竹可以将房间中80%的有害气体净化掉。很多植物都是在光合作用下白天释放氧气，夜间释放二氧化碳，但龟背竹却在晚上吸收二氧化碳，且吸收量比其他花木高6倍以上，有"天然清道夫"之称。很多植物不能放在卧室内，但龟背竹却是个特例，白天夜间都能起到净化空气的作用。

日常养护

光照　　龟背竹不喜欢过强的日照，半阴的环境比较适合它生长。除了冬季要摆放在有充足光照的地方，其他三季都要做好遮阴措施。

温度　　最适合生长的温度是15～28℃，高于32℃植株会停止生长，低于5℃容易发生冻伤。

修剪　　龟背竹茎叶变大后，要进行修剪绑扎来避免其倒伏，修剪时将枯黄叶、过密叶去除，必要时要将顶芽剪掉，避免其徒长，使植株矮化。

繁殖　　繁殖龟背竹有分株、扦插和播种三种，分株一般在夏、秋季进行，分株是将大型植株的侧枝整枝剪掉，枝条要带气根，剪下后直接移栽即可。扦插可在春、秋两季进行，剪下健壮的侧枝，要至少带有两个茎节，将茎上的叶片剪掉后插入沙土中，大约一个月即会生根。播种的方法比较烦琐，先要采集种子，将种子充分浸泡，给播种土壤消毒，还要保证适当的湿度和温度，也是大约一个月能出芽，如果播种成功，那么幼株的抗病力和生长能力要比分株或是扦插的幼株更强。

病虫害　　龟背竹常见的病虫害是灰斑病和介壳虫。灰斑病一般从叶片边缘的伤口处开始感染，叶片出现灰黑色的斑点，受病区域逐渐变大，植株受病害后，会继发介壳虫。这两种病虫害都是由于通风不畅等原因引起的。植株患病后要及时喷药处理，介壳虫少时可以手工捕捉，多了必须用药。

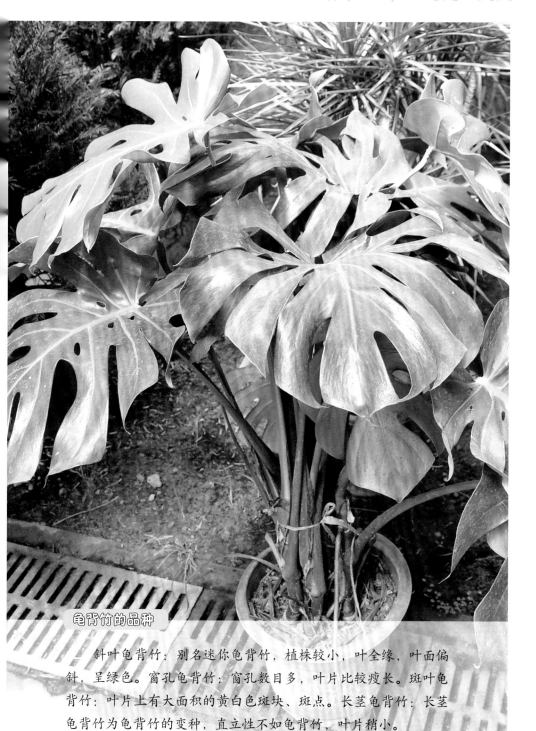

龟背竹的品种

　　斜叶龟背竹：别名迷你龟背竹，植株较小，叶全缘，叶面偏斜，呈绿色。窗孔龟背竹：窗孔数目多，叶片比较瘦长。斑叶龟背竹：叶片上有大面积的黄白色斑块、斑点。长茎龟背竹：长茎龟背竹为龟背竹的变种，直立性不如龟背竹，叶片稍小。

施肥 🌱

　　龟背竹喜肥，夏季是主要生长期，要多施肥，每隔10天施肥一次，稀薄氮肥为主。秋后增施一次磷钾肥，以防止植株倒伏。冬季可以停止施肥。

❗夜间净化环境的植物

　　仙人掌科、景天科、芦荟科的植物会在夜间吸收二氧化碳，净化室内空气。这类植物在夜间打开气孔，吸收二氧化碳，并将其贮存起来，等白天进行光合作用的时候释放出去，这是有别于其他植物的特殊光合途径。而这类植物，是可以放心摆在卧室中的，它不会与人争氧，还能增加空气的负离子浓度，使夜间环境更绿色、更舒适。

　　这类植物包括仙人球类、仙人掌类、量天尺、蟹爪兰、景天三七、燕子掌、石莲花、龙舌兰、芦荟、生石花、姬凤梨等。家庭选购净化植物时，可格外留心这些植物。

Q: 龟背竹的食用价值高吗？

A: 龟背竹的花果都可以食用。在墨西哥，龟背竹的花果是常吃的食材，可以焯水后凉拌，也可以滚面后油煎，味道清香似菠萝。

Q: 龟背竹、小龟背竹、仙洞万年青三种如何区分？

A: 这三种观叶植物的科属是一样的，都是天南星科龟背竹属。它们的外形也相似，所以经常被混淆，但还是有差别的。龟背竹叶片卵圆巨大，深裂延伸到叶缘。小龟背竹叶片呈心形，比龟背竹叶片要小很多，小龟背竹叶片上有不规则的裂洞，但叶缘是光滑完整的。仙洞万年青叶片为长椭圆形，叶片有裂洞，叶缘也是光滑无缺刻的。

Q: 如何让龟背竹的花叶开裂更加明显？

A: 花叶有洞、开裂是龟背竹最大的特点，其花叶的有洞、开裂现象也叫"开背"。很多种植的人感觉，"开背"越明显说明龟背竹长得越好。那么如何使其"开背"呢？在高温、阳光充足的夏天，应该尽量让它避免阳光直射，应把它放在凉爽的通风环境中。如果是在比较柔和的光照条件之下，我们要让它接触阳光。龟背竹对水分的要求较高，所以在它需要生长的时候，我们要给它提供它需要的水分，不但要让盆里的土含有一些水分，还要在叶子上洒一些水。在生长迅速期，可以在一个星期或者两个星期施一次氮肥。

君子兰

科属：石蒜科君子兰属
别称：达木兰、大花君子兰、剑叶石蒜

 原产地 原产地为南非，我国的主要生产基地在长春。

外形 君子兰根系肉质，叶基部形成假鳞茎，叶片剑形，互生，伞状花序顶生，每个花序都有小花7～30朵。小花呈漏斗状，有花柄，花色为橘红色或黄色。

空间布置

君子兰株型端庄大方，叶色翠绿，花繁色艳，是集观花观叶于一身的花卉。可以摆放在客厅的低柜和茶几上，也可以放在书房窗台或书桌边，其释放的氧气可使人思维清晰、神清气爽。

栽培管理

1. **介质**：含腐殖质丰富的土壤适合栽种君子兰，配制土壤时可用腐叶土、河沙、炉灰渣、骨粉按比例混合。

2. **浇水**：春、秋季每一到两天浇水一次，夏天早晚各浇水一次，冬季每周浇水一次。但浇水原则还要根据具体天气情况，譬如夏季多雨阴湿天气，就要减少浇水量，避免因水多而烂根。如果冬季室内温度高，就要增加浇水次数，改为每周浇水两次。

净化空气

君子兰对硫化氢、一氧化碳、二氧化碳都有极强的净化作用，但它净化二氧化碳是在白天。白天君子兰叶片张开气孔，吸收大量二氧化碳，释放氧气，增加居室内的负离子浓度，君子兰释放氧气的量是其他植物的几十倍。但这仅限于白天，夜间君子兰会消耗氧气释放二氧化碳，即俗语说的与人争氧，因此不适合摆放在卧室里。

君子兰还可以净化香烟释放的有毒物质，有实验显示，在10平方米左右的居室内，摆放2~3盆中型植株的君子兰，可有效吸收烟雾，净化浑浊的空气。

日常养护 🪴

光照

君子兰不喜强光，除了冬季可放在阳光充足处，其他三个季节都要放在散射光环境中。

温度

15～25℃是君子兰最适宜生长的温度，冬季低于10℃时，植株会慢慢停止生长，低于5℃，会进入休眠状态，0℃就可能发生冻伤了。夏季温度高于30℃，则要警惕高温灼伤，因此夏天要经常向叶片喷水降温。君子兰属于既不耐寒又不耐高温的植物，在冬、夏两季种植时要特别给予关注。

修剪

修剪一般在春季翻盆时进行，剪掉枯叶、病虫叶。

繁殖

家庭最常用的繁殖方法是分株，分株就是将植株从盆中挖出，找到幼株与母株的连接点，从连接点处将幼株切下，幼株和母株切口处均涂抹一些草木灰或是多菌灵粉末，上盆即可。

病虫害

君子兰最常见的病虫害是软腐病和叶斑病。软腐病多是从植株切口处发生的，染病的叶片会出现淡黄色水渍状斑点，然后全株叶片软腐，发生软腐病后要及时去除腐烂的叶片，更换介质，还要用土霉素5000倍液涂抹病斑。叶斑病主要发生在叶片上，病菌侵染叶片，使叶片产生不同形状的褐色斑点，最终致使叶片枯萎，发病后要及时用甲基托布津防治。

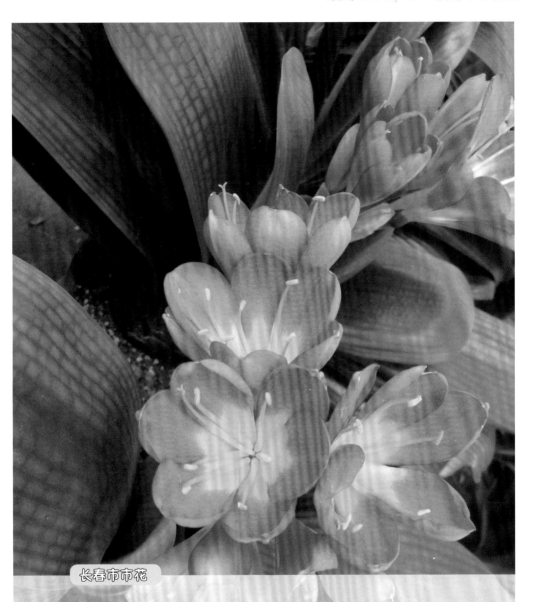

长春市市花

　　君子兰于1931年由日本园艺家村田引入我国东北，当时在伪满皇宫内栽培，专供伪满皇帝溥仪等少数人观赏。1945年抗战胜利后，传入民间，在长春市市公园内开始种植。1984年，经长春市第八届人大常委会第14次会议审议通过，并颁布了《关于命名君子兰为长春市市花的决定》，会议决定命名君子兰为长春市市花。

施肥

君子兰是喜肥的植物，但要薄肥勤施，春、秋季每隔半月施一次稀薄腐熟饼肥水，冬季开花季节每隔10天施一次稀薄的磷钾肥，能促进花长大并且颜色鲜艳。夏季因为温度高，施肥要减少，如果碰到接连阴雨天气要避免施肥，夏季根据具体天气情况施肥，可改成每个月施一次稀薄复合肥。

！君子兰的近亲——垂笑君子兰

垂笑君子兰也是石蒜科君子兰属的植物，但外形与君子兰有少许差别。君子兰叶片宽、厚、短，花朵开放时直立，垂笑君子兰叶片狭长，花色为淡橘色偏黄，花朵开花时下垂。垂笑君子兰花期长，不容易夹箭，也是家居种植精品花卉。

养花Q&A

Q: 怎么防治君子兰"夹箭"？

A：夹箭即植株抽箭时抽不出，花苞被夹在塔座内开花的现象。君子兰夹箭多是因为冬季室内温度低，土壤水分不足导致的，因此要想君子兰正常开花，必须保证室内温度和土壤湿度。

Q: 君子兰有何美好寓意?

A：在《辞源》中称"有才德的人为君子"，因此君子兰寓意着其有君子般的品格和风采。送人的话，有祝福吉祥、富贵的美意。很多地方，公司开业时讲究赠送君子兰，以示祝福事业兴旺发达、财源广进。但也有很多南方地区，开业时忌讳赠送君子兰，怕养不好而生夹箭，有生意失利的意思。

Q: 君子兰是否有药用价值?

A：是的。君子兰除美化环境外，还有一定的药用价值。君子兰植株体内含有石蒜碱和君子兰碱，还含有微量元素硒，药物工作者利用含有这些化学成分的君子兰株体进行科学研究，并已用来治疗癌症、肝炎病、肝硬化、肝腹水和脊髓灰质病毒等。通过试验证明，君子兰叶片和根系中提取的石蒜碱，不但有抗病毒作用，而且还有抗癌作用。

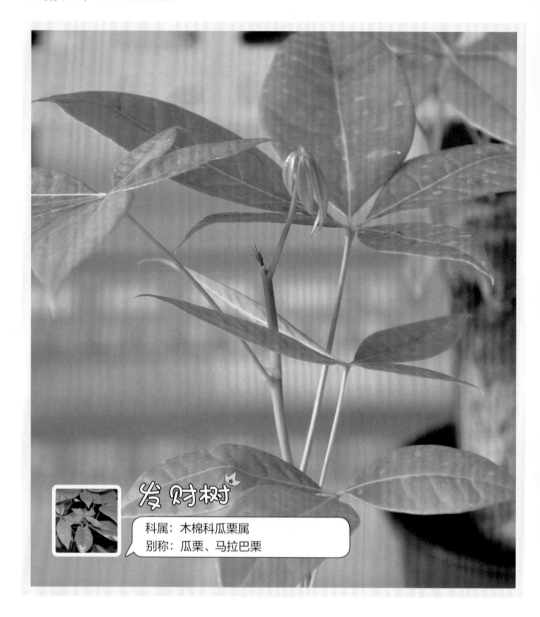

发财树

科属：木棉科瓜栗属
别称：瓜栗、马拉巴栗

原产地 原产于墨西哥、哥斯达黎加。我国作为油料植物引种，现主要在台湾、广东、福建、广西等地栽培。

外形 发财树的树干上细下粗，基部最粗，叶形掌状，由5～7片小叶组成，小叶先端尖，脉络清晰对称，叶色翠绿，很讨人喜爱。

空间布置

华南地区多为户外栽培，可起到美化城市环境，净化城市空气的作用。北方地区多为室内盆栽，光照充足的朝南房间可以摆放发财树，在光照不充足的居室，可以摆放两周左右观赏，然后移到光照充足处让其进行充分的光合作用。

栽培管理

1. **介质：** 排水好、腐殖质丰富的酸性沙土，可用泥炭土、腐叶土、河沙，加少量鸡粪肥或骨粉配制。

2. **浇水：** 喜湿忌涝。发财树是热带植物，性喜温暖湿润的环境，但这并不意味着要加大浇水量或增加浇水次数。因为发财树根系不发达，小植株可能根本没有根系，所以要尽量少浇水，成年的大植株一到两个月浇水一次，多给植株及叶片喷雾，保持其周围的湿度即可。

净化空气

发财树是联合国推荐的环保树木之一，它能有效净化一氧化碳、二氧化碳等有害气体，对室内温湿度也有不错的调节作用，被誉为"天然的加湿器"。北方干燥寒冷的冬、春季节可以室内栽培几盆发财树，既能净化空气，又可以增加湿度。

日常养护

光照

喜欢阳光，也耐半阴。夏季应适当遮阴，春、秋季可完全光照。

温度

发财树是亚热带植物，喜温暖怕寒冷，在15～30℃最适宜发财树生长，如果冬季低于5℃，植株会发生冻伤或冻死。

修剪

修剪发财树一般在夏季进行，留下生长良好的主干，疏剪掉病虫枝、枯弱枝条和影响整体造型的多余枝条。很多在花市上买到的成株发财树，都是定型后的植株。家庭修剪发财树只要本着疏枝的原则就可以了。

繁殖

家庭最常用也是最简单的繁殖方法是扦插法，在南方地区四季都可以进行扦插，北方地区在5～8月进行。选取顶稍枝条，剪下10厘米左右，插入沙土中，在一定湿度条件下，一个月左右便会生根。

病虫害

发财树常见腐烂病和叶枯病。腐烂病多发生在通风不畅的环境中，主要侵染植株的根茎部位。叶枯病是病菌侵染叶片，使叶片出现病斑、枯萎脱落等现象，发生这两种病，可用百菌清溶液和多菌灵溶液喷洒。

放置位置

　　办公场所可将发财树摆放在进门处或是过道，既可显现出热带地区的视觉效果，又可以有效净化办公区内污浊的空气。

施肥

发财树喜肥，每年春季翻盆时要施足底肥，每隔半月要施一次腐熟的液肥，冬季改成每个月施一次腐熟液肥或观叶植物专用肥。

！美国花生

发财树的种子是带有种壳的，当种植发财树的时候，要先剥去种壳。

发财树的种子可以榨油，气味与花生类似，因此其种子被称作"美国花生"。

Q：发财树可以水培吗？

A：水培发财树也是室内栽培的一个好方法，优点是更整洁干净，便于观察生长情况。将买来的小植株去土，冲干净根系上的土，把土生根全部剪掉。再用多菌灵1500倍液浸泡根部20分钟。取出植株后晾干根部，用鹅卵石或是陶粒固定植株，灌水到根基部即可，千万不要灌水太多，10～15天便可以生出新根。

Q：原名叫马拉巴栗的植物为什么被称为"发财树"？

A：一般认为出自《郝原传》的一则故事。一个叫郝原的人，在路上拾得一串钱，由于找不到失主，他就把钱挂在一棵大树上。随后路过此地的人，见到大树上有钱，以为是神树，于是纷纷把自己的钱也挂在树上，以祈求来日获得更多的钱。慢慢地，这棵树就变成了"发财树"。也有人说因为它为掌状叶，寓意手掌抓财，所以被商家称为"发财树"。

百合花

科属：百合科百合属
别称：百合蒜、中逢花

原产地 原产于亚洲东部、北美、欧洲等地，全世界有百合花品种100多种，其中40多种百合花的原产地在我国。

外形 茎直立，茎高50~100厘米，叶片呈针形，花朵顶生，喇叭形，花瓣向外翻卷，花色很多，有红色、白色、黄白色、橘红色、粉红色等。有的品种无香味，有的品种有浓香。

空间布置

盆栽百合花可装点居室，放在门厅、客厅、阳台、书房等处，花色靓丽的百合会使居室氛围更加活泼明朗。如果选择新鲜百合花装扮居室，最好选择未开放的花蕾，花瓶中放少许砂糖，或放一片维生素C，这样可以延长开花时间，每天向花枝喷雾，晶莹剔透的水珠在花瓣上滚动的景象甚为美妙。

栽培管理

1. **介质**：富含腐殖质、疏松肥沃的微酸性土壤最适宜百合花生长，配制时可选用泥炭土、沙土、珍珠岩加适量骨粉。

2. **浇水**：百合喜欢湿润的环境，但这里所指的湿润是外环境，在夏季高温时，要保证盆栽周围湿度在80%以上，湿度低植株会生长不好，但湿度过高则会诱发病害。盆土要保持湿润状态，用手指轻按土壤，能轻易按个指印，手指却不会沾到土即可。

净化空气

百合花可以净化空气中的一氧化碳、二氧化碳和二氧化硫等有害物质，而且百合所释放出的香气淡雅脱俗，若隐若现让人身心愉悦，却不会过度刺激嗅觉。买一束新鲜百合去看望病人，表达了慰问之意的同时还会使其愉悦精神。在家中摆放盆栽百合，可以吸附异味，且让居室暗香流动。

日常养护

光照

百合花喜光，缺光会使植株生长不良，开花少，叶片颜色变淡。但对光照的要求比较严格，有三个时期需要适当遮光，第一个时期是上盆生根期间，光照太强会阻碍根系正常生长，因此要放到稍阴凉的地方；第二个时期是现蕾期要适当遮光；第三个时期是夏季，光照过强时要适当遮光。其他时期都可放在有明亮光照的地方。

温度

百合的最佳生长温度是15~25℃，但鳞茎上盆后却要保证环境温度低于15℃，温度过高会影响鳞茎生根。家庭种植百合，上盆后要将盆栽移到阴凉通风处。

修剪

盆栽百合不用在修剪上面费太多心，生长期有枯黄叶剪掉即可。

繁殖

家庭繁殖百合最常用、最简单的方法是分鳞茎法。在9~10月时，将百合鳞茎周围的小鳞茎掰下来，贮存到沙土中越冬，第二年春季上盆培育，一般培育期为一年，到了第三年的春季养成的大鳞茎就可以长出根茎开花了。

病虫害

百合花常见病虫害有黑腐病、叶斑病和蚜虫。黑腐病发病是从茎干开始至根部，起初出现黑色病斑，最后茎根都会枯黑腐烂。在发现茎干部位出现枯黄斑点时就要灌药防治。叶斑病发生在叶片上，染病后叶片上出现不规则病斑，最后导致叶片枯黄，掉落，发病后要及时摘掉病叶片，并喷药防治。蚜虫多与病害伴发，一旦发现蚜虫，可用牙签蘸肥皂水清洗，虫害严重时可用百菌清喷杀。

我国著名的百合品种

　　我国著名的百合花品种有麝香百合花、王百合花、卷丹百合花、青岛百合花、兰州百合花、山丹百合花、鼠子百合花等。

施肥

百合花喜肥，在每年上盆时，要施足底肥，底肥的肥效可持续到开花前期。在开花期间，每半个月施一次稀薄的氮钾肥。开花期间，增施一到两次磷肥，但磷肥不可过多，多了会使百合花叶片枯黄。如果在生长期或花期，并没有施过多磷肥的条件下，叶片还是变黄，一般是植株缺铁引起的，需要补施一到两次铁元素。

! 插花保鲜的妙招

美丽的鲜花搭配各具特色的花瓶，着实很有美感。但鲜花如果只放在清水中养，过不了十天半月便会凋落，有没有使鲜花延长花期的办法呢？

当然有，除了放砂糖或是放维生素C的方法，还可以在水中加入食盐、味精、食醋、洗洁精、阿司匹林等，但浓度不宜过高。在水中加入这些用品，都能有效保持鲜花新鲜，使得花期延长。

Q: 百合的食用价值高吗?

A: 干品百合花是日常生活中的食用佳品，以百合花做食材的有西芹百合、百合糯米粥、百合莲子羹、百合雪梨膏等，百合花既能清热祛暑，又具滋补功效，是夏日里不可多得的食材。

干品百合是百合花鳞茎上剥下来的碗状片，晒干后储存即成，食用前要充分浸泡，浸水变大后就可以炒食或煮食了。但并不是所有的百合花鳞茎都可以食用，鳞茎小、味苦的不适宜食用。只有鳞茎大、肉质厚实的才可以食用或药用。

Q: 百合花的美好寓意是什么?

A: 不论是东方还是西方，都把百合花视为纯洁高雅的象征。在我国，百合花的图案自古便被用在婚礼上，将百合花、柿子和如意摆放在一起，取意"百年好合""百事合意"。现代婚礼上，现场布置多用百合花，新娘的手捧花也多为百合花。

Q: 百合花与萱草的区别是什么?

A: 百合花与萱草的花朵很相似，这是人们混淆它们的主要原因，但百合花与萱草还是有很大区别的。百合花是百合科百合属植物，多年生球根，茎直立，叶片呈针形，对生或互生，花朵生于茎干顶端。萱草别称忘忧草，也叫金针菜，把它的花蕾采下晒干，就是我们常吃的黄花菜，黄花菜只有干品适宜食用，新摘下来的鲜黄花菜有毒。萱草是多年生宿根，茎直立，狭长叶片在根茎底部丛生，花朵生于茎干顶部。由此可以看出，百合花与萱草最容易看出的区别是，百合花叶片对生于茎干上，萱草的叶片全部生于根茎底部，上部茎干是光滑无叶片的。

金 橘

科属：芸香科金橘属
别称：金柑、金丹、金弹

金橘原产于我国，福建、广东、广西等地出产最多。

外形 金橘株高50～100厘米，叶片呈长圆状披针形、互生，叶片深绿色、油亮，花朵为白色，有清香，果实呈卵圆形、青色，成熟呈金黄色。金橘花开时观花，结果后观果，在南方，尤其是广东地区，是年节时最畅销的植物。

空间布置

花市上的金橘植株株高多在50～100厘米，可以根据居室摆放空间的大小来选择。大植株的金橘可摆放在客厅茶几边，或是书房角落，如果你的玄关不是过于阴暗，也可以放在一进门的玄关处，打开门便让人眼前一亮，可增添居室的喜气与贵气。

金橘生长过程中，会有不同程度的落叶和掉果，不建议放在卧室中。金橘是喜光的植物，如果居室空间光线不足，也不建议摆放。金橘的叶片会存有落尘，要经常用水喷洗，否则影响植株的观赏性。

栽培管理

1. **介质**：金橘喜欢肥沃、疏松的微酸性土壤。腐叶土、沙土加适量底肥可配制成金橘培养土。

2. **浇水**：金橘是比较喜湿的植物，春季每一到两天浇水一次，最好每天都向叶片喷水，保持周围湿度。夏天可每天浇水一次，早晚各喷水一次。夏末秋初，是金橘坐果的时间，这段时间更要注意浇水。太过干旱，影响坐果；太过湿润，会落花落果。夏末秋初坐果时期，要保持土壤半干半湿，稍微干一些可以调整，切不可过湿。

净化空气

金橘植株不仅装饰效果超群，净化作用也非比寻常。它能净化空气中的汞蒸气、铅蒸气、乙烯、过氧化氮等有害物质。如果家里新添置了家用电器、塑料制品等，金橘还能吸收它们散发出的异味。

日常养护

光照

金橘喜欢光照充足且温暖的环境，除了夏季应适当避光，其他三季都要摆放在有明亮光线的地方。由此可见，家庭中摆放金橘其实是比较挑地方的，光线不足会影响金橘生长，降低观赏性。

温度

金橘的最佳生长温度在15～30℃。但在冬季则要控制在5℃左右，冬季是金橘的休眠期，温度高会导致植株无法正常休眠，影响来年的长势。南方可将金橘盆栽室外摆放，北方可放在室内阳台或窗边，可常常开窗降温通风的地方。

修剪

修剪多在休眠期后期，春芽萌发前进行，将老弱枝、枯枝、病虫枝、过密的枝条修剪掉。一般情况下，修剪会结合着春季的扦插繁殖一并进行，可剪下粗壮的枝条作为插穗，来繁殖新植株。

繁殖

金橘繁殖主要是嫁接，但对于非专业人士来说，嫁接过程会很烦琐，不适合普通的养花爱好者。嫁接可选酸橙或是枸橘作为砧木，砧木要保证粗壮健康。接穗要选择两年以上粗壮的枝条，将所有叶片剪除，只留叶柄。将砧木和接穗容易接触和靠近的部位削去外皮，将其削口对齐，绑扎结实，切口愈合后，将砧木上段剪除，接穗下段剪除，这样新植株就嫁接完成了。

病虫害

金橘易发生的病虫害有炭疽病和黄凤蝶病。如果在生长期间施肥合理，植株抗病能力高，几乎很少发生炭疽病，金橘的炭疽病与缺施钾肥有关系。要是发生了炭疽病，赶紧摘除病叶和落果，并用百菌清或多菌灵溶液喷洒全株。黄凤病是金橘比较容易染的虫害，虫少时可人工捕捉，虫多可选一些绿色环保的家用杀虫剂。

金橘的栽培历史

  明代的《本草纲目》对金橘已经有了详细记载，明确表明金橘可食用亦可药用。到了清代，学者王士雄在《随息居饮食谱》中说金橘："以黄岩所产形大而圆，皮肉皆甘，而少核者胜。"说的是浙江黄岩的金橘品质最好，其外形好、口感佳。

施肥

金橘每年春季翻盆时要施底肥，腐熟的饼肥或骨粉均可。春季可每月施三次腐熟的麻渣水或饼肥水，金橘爱偏酸性土壤，为了保证介质的酸性，可在春季施三到四次矾肥水，为的是调整土壤的酸碱度。

进入夏季后，金橘进入孕蕾开花期，这时每月可施两次磷肥。秋初花落坐果，这段时间不仅浇水要注意，也要暂停施肥。等果实坐住再恢复施肥，可施两到三次复合液肥。10月开始到翌年春季这段时间，都可以不施肥。

！金橘，南方的年宵花卉

粤语中，橘字的读音与"吉"近似，因此人们常用橘寓意为吉祥如意、大吉大利。每年春节时，到花市上选一盆挂满果实的金橘摆放在家里，显得喜庆而且具观赏价值。每株金橘上果实的数量也是有讲究的，一般结80～100个的金橘果实最受欢迎，因为其寓意"招财进宝，来年就可发财致富"。

养花Q&A

Q: 金橘的食用价值高吗?

A: 我们都知道，金橘含有丰富的维生素C，几乎与猕猴桃一样多，而且还含有丰富的微量元素，是秋、冬季的应季水果。在秋、冬季节，很多人会因为天气寒冷，进食过多而导致食滞气胀，痰多咽喉不适。从中医学角度讲，金橘具有消积祛痰的功效，非常适合秋、冬季节食用。但也有人认为，金橘吃多了容易上火，其实这个很好解决，食用金橘时，把橘络一起吃掉，就不会上火了。橘皮可以泡水，橘皮水可清热去火。橘皮也可以晾干装进枕芯，有明目、防治头晕头痛的功效。总之，金橘的食用、药用价值跟它的观赏净化价值一样，是超高的。

Q: 为什么南方过年送礼喜欢送金橘?

A: 中国南方尤其是广东会在新年用金橘贺岁，表大吉大利之意。过新年时，几乎家家户户大门前、阳台上要摆至少两盆以上金橘，一些讲究的还会在金橘树上挂满红包。因为在粤语等语系中，"橘"与"吉"同音，"金橘"者，橘为吉，金为财，金橘也就有了吉祥招财的含意。另一方面，在万木凋零的冬季，室内有金色小元宝似的金橘也预示来年会发财，所以人们喜欢把金橘作为礼品送人。

非洲董

科属：苦苣苔科非洲董属
别称：非洲紫罗兰、非洲苦苣苔、圣保罗花

原产地 原产于非洲热带地区，现在全世界各地均有栽培。

外形 非洲董茎肉质、极短，叶片椭圆形，表面呈波浪状，且布满细细的绒毛，叶片丛生，花朵簇生于叶丛中央，花有复瓣、单瓣、重瓣之分，花色很多，为多年生草本植物。

空间布置

　　非洲堇株型小，花期长，可摆放在居室中的任何位置。它较耐阴，因其独特的杀菌作用，使得它最适合摆放在家里花卉不适宜生长的潮湿阴暗的地方，如厨房、卫生间。长久以来，厨房和卫生间是家里病毒、细菌出没的重灾区，能摆放在这两处的花卉多是绿色观叶植物，非洲堇不但耐阴，而且可净化空气，其花色色彩绚烂，在欧美广受欢迎，是家养净化装饰植物的典范。

栽培管理

　　1. **介质**：肥沃、疏松的微酸性土壤最适宜种植非洲堇。可用腐叶土、草炭土、沙土混合配制。

　　2. **浇水**：非洲堇不可浇水过多，冬、春两季天气寒冷，要等盆土干透后再浇水，夏季温度高，水分易挥发，要稍增加浇水量和浇水次数。非洲堇对环境湿度有一定要求，夏季时可向盆周喷水，但千万不要喷到叶片上，因为非洲堇的叶片上布满绒毛，沾到水后容易腐烂。

净化空气

　　非洲堇的净化作用主要在于杀菌，它所散发出的香气可以强效杀菌，对结核杆菌、肺炎球菌、葡萄球菌等有明显的抑制和杀灭作用。

净化空气的健康花草 好看又好养

日常养护

非洲堇喜散射光，耐半阴。冬、春两季可摆放在光线充足处，避免徒长。夏、秋两季要适当避光，光照强会灼伤叶片。

最适合非洲堇生长的温度为15~25℃，冬季低于10℃可能会发生冻伤，夏季高温30℃以上，植株会停止生长。

一般情况下，非洲堇不需要修剪，但如果枝叶太过繁密，致使植株根茎密不透风，就需要剪掉一部分枝叶。生长过程中，有枯叶、黄叶也要随时摘除。

非洲堇的家庭繁殖方法主要是叶插。冬、春季时，在植株主茎外二三层处剪取叶片，叶片要保证健康完整，并留有3厘米左右叶柄，将剪下的叶片插入消毒过的介质中，盆口覆薄膜，一到两个月左右叶柄处就会生根并萌发侧芽，这样新植株就会慢慢长成了。

非洲堇多见叶斑病、白粉病和食心虫等，叶斑病多从叶片下部开始，起初叶片出现微小病斑，后逐渐蔓延，病斑面积扩大。白粉病是叶片出现退黄绿斑，严重时全株都覆盖一层白粉。发生这两种病害时要用百菌清、多菌灵、甲基托布津稀释液喷洒。若发现食心虫时，少量可用手工捕捉，多时要喷洒一些绿色环保的杀虫剂。

非洲堇的栽培历史

　　非洲堇是1892年被德国植物学家圣保罗在非洲发现，1893年在德国栽培，1894年引种到英国栽培，1927年在美国培育出非洲堇的杂交品种。目前，非洲堇已经有了重瓣型、复色型、皱瓣型、斑叶型、迷你型、超迷你型等品系。

施肥

生长期中每隔半月施一次稀薄腐熟的饼肥水。现蕾后施一到两次磷肥，可使其开花大而鲜艳。

! 超受欢迎的非洲堇

非洲堇在欧美各国非常受欢迎，是著名的窗台植物，在售卖花卉的超市中随处可见，欧美人对非洲堇就像我们对杜鹃花和君子兰般热爱。在美国，还专门成立了全国性的非洲堇协会。

Q：不同颜色非洲堇的寓意？

A：红色——诚挚

　　粉红色——倾慕

　　白色——清纯

　　绿色——罕见

　　紫色——浪漫温馨

　　双色——难得

　　春节、圣诞节时可赠送给朋友红色和双色的非洲堇，情人节时宜赠送粉红色非洲堇给爱人。

Q：非洲堇要怎样过冬？

A：非洲堇是很怕过冬的，稍有不慎，就会在寒冬中"阵亡"。怎样才能使非洲堇安全过冬呢？要注意以下几点：在过冬期间不能缺少阳光照射，冬天的阳光比较弱，会阻碍植株生长，如果长时间将它放在阴暗的地方，会让花朵凋谢；浇水一定要适量，不可以浇太多发生积水现象，补充水分时不要将水溅到叶子上，会将植株冻伤；想要让它安全地过冬，就要将温度维持在10℃以上，温度太低就会把它冻坏，在室内养的话温度都比较适合，如果是露天养殖的话，就要做好防寒措施。做好以上几点，让非洲堇安全过冬不再是难事。

月 季

科属：蔷薇科蔷薇属
别称：月月红、四季花、长春花

原产地 月季原产于我国，栽培的历史很长，全国各地均有分布，其中湖北、四川、甘肃等省最多。

外形 月季为羽状复叶，长卵圆形，边缘有锐锯齿，叶色深绿，叶面光滑。花朵簇生于枝头，多为重瓣，少有单瓣，花色众多，常见红色、黄色、粉红色、深红色、玫瑰紫色、橙色、绿色等。

空间布置

一般藤本月季和灌木状高大的月季都可栽种在庭院中，花美、叶绿、香气浓，再加上超强的净化能力，绝对是庭院绿化的首选花卉。小型月季可盆栽摆放到居室内、书房的书桌边、书柜顶或是客厅的茶几处、卧室的梳妆镜前，为居室增添温暖喜庆的氛围。

栽培管理

1. 介质：月季喜欢保水好、保肥好、疏松的弱酸性土壤，可用泥炭土、腐叶土、有机肥等混合配制。给月季配土，不管任何土壤，都要保证肥力充足，要想月季生长旺盛，底肥是必不可少的。

2. 浇水：春、秋季，每天上午浇水一次，夏季早晚各浇水一次，冬季每周浇水两到三次。浇水的时间也要根据实际情况做改变，如果天气阴湿，可适当延长浇水时间，如果天气干燥，可适当增加浇水次数。总之，要保持土壤微湿，不可断水太长时间。

净化空气

月季不仅花美，而且净化能力超强，可吸收空气中的苯、硫化氢、二氧化碳、氟化氢等有害物质，还能吸收乙醚、二氧化氮和氯气，而且月季的抗性极强，即便在空气污染严重的区域，它仍能健康生长。

日常养护 🌱

光照

月季喜光，但不喜强光，夏季光照过强时要适当避光。月季对光照时长也有较高要求，春、秋两季是主要生长季节，这时候月季每天至少需要8小时日照，如果日照时间太短，会使植株长势缓慢、枝干细弱、叶片不油绿、花色不鲜艳。

温度

月季耐寒，15～26℃是最佳生长温度，夏季气温高于30℃，其长势缓慢或停止生长。冬季可耐零下15℃低温。

修剪

月季修剪很重要，伴随着月季的不断生长要不断进行修剪。早春萌芽要进行疏芽、疏枝处理。春季4～5月开第一批花后，要剪掉短枝、弱枝，过长的枝条一律剪短，未开花的枝条也要剪掉。第二批开花在夏季，这时适当剪去枯黄枝、摘除过多花蕾即可。秋末要再进行一次修剪，修剪原则与春季第一批开花时修剪原则相同。

繁殖

家庭繁殖最常用也是最简单的方法是扦插，一年四季都可以进行，选择健康的枝条做插穗，一般截取10厘米左右即可，将插穗插入到沙土中，一般15～30天就可以生根。如果是冬、春季，可在盆上搭架覆膜，保证植株生根所需湿度。

病虫害

月季病害主要是灰霉病和黑斑病，虫害主要是蚜虫、刺蛾和叶蜂。这两种病害主要是由于环境温暖潮湿，通风不好导致的，染病后的叶片出现水渍状的褐斑，面积逐渐扩大。出现病害后，要及时摘除病叶，并用多菌灵和百菌清溶液喷洒。蚜虫主要是每年第一批开花期最为严重，出现蚜虫的主要原因是植株通风不畅，光照不足。发现蚜虫除了要剪除有虫的枝条，还要喷杀虫剂。剩下两种虫害多发生在夏季7、8月份，少时手工捕捉，多时喷杀虫剂。

月季的栽培历史

　　相传月季在神农时代就已经变成家种了。春秋时代的孔子曾记录过皇家园林中的蔷薇，其实也就是现在我们所说的月季。到了汉代，皇宫里已经开始大面积种植月季。明清时，已可清晰分辨出月季和蔷薇。现在月季是我国的十大名花之一，有很多城市将其选为市花。

施肥

月季喜肥，植株的健康与否，开花多少，艳丽与否，都与肥力有密切关系。3月份施一次稀薄复合液肥，4~6月，9~10月，这两个时期每隔10天要施一次稀薄腐熟的豆饼水、麻渣水、鱼腥汁等。7、8两个月份温度高、湿度大，要暂停施肥，这段时间植株生长慢，几乎不需要施肥。

秋末冬初这段时间也不需要施肥，冬末进行翻盆时要施足底肥。

⚠月季的品种

月季目前是颜色和品种数最多的花。品种已有两万多种，颜色的丰富程度也是花中之最，有红色、橙色、白色、紫色，还有非常多混色、串色、复色、镶边等颜色类型。

月季的品种繁多，庭院栽培的多为灌木状月季，丛高1米以上。家庭中盆栽的都是小型月季，株高一般不超过25厘米。月季主要分为香水月季、丰花月季、微型月季、攀缘月季。攀缘月季也就是藤本月季，多在庭院篱边或是公路隔离带处栽培，起到绿化和净化空气的作用。

Q: 月季在世界上的美誉是什么?

A: 早在公元前6世纪，希腊诗人就称月季是"百花的荣誉和魅力，春天的欢乐和忧愁"。在德国，人们认为野生的月季是永生的灵魂。在古罗马，月季象征着纯洁的信念和能干的个性。现在，保加利亚、卢森堡、罗马尼亚、英国、伊拉克、叙利亚、伊朗、摩洛哥等国都把月季当作国花，可见月季是多么受世界人民的喜爱。

Q: 不同颜色月季的寓意?

A: 红色——热情、爱着你

粉红色——爱的誓言

白色——天真、纯洁

黄色——失恋、嫉妒

橙黄色——爱慕、真心

橙红色——富有青春气息、美丽

暗红色——独一无二、有创意

黑色——憎恨

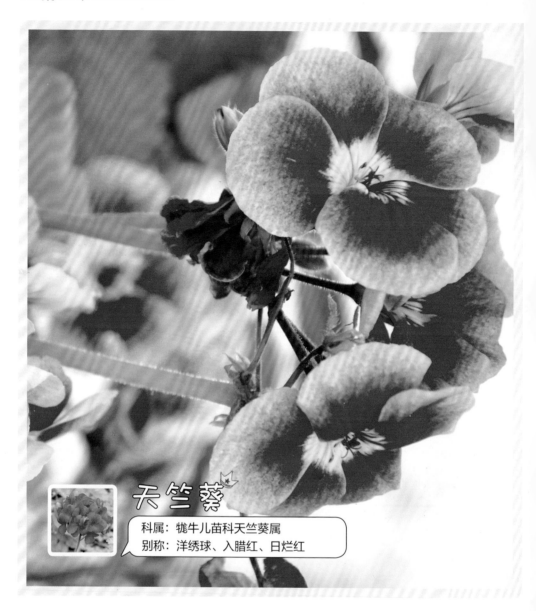

天竺葵

科属：牻牛儿苗科天竺葵属
别称：洋绣球、入腊红、日烂红

原产地 原产为地南非，现我国各地均有栽培。天竺葵是匈牙利的国花。

外形 天竺葵株高多数在50厘米以下，茎肥壮多汁，茎基部稍木质化，上有细毛。叶片互生，心脏形，叶缘具浅裂，花葶自叶丛中抽出，花簇生于花葶顶端，花呈伞状，有单瓣和复瓣之分，花色多，有粉红色、淡红色、橙黄色、白色等。

空间布置

在德国、法国等很多欧洲国家，几乎家家户户窗台上都摆放着天竺葵，让人仿佛置身花海、流连忘返。天竺葵全年开花不断，摆放在家里任何位置都能显现出不错的装饰效果，阳台花架上、卧室窗台边、书房书桌上，走廊处或是庭院进门处。不管摆在哪儿，让人一眼看到，都会感觉有欣欣向荣之象，增加正能量。

栽培管理

1. **介质**：天竺葵喜欢排水好的沙质土壤。可以用腐叶土、菜园土加河沙及少量骨粉配制。

2. **浇水**：天竺葵耐旱，不喜欢潮湿环境，因为它的原产地是在非洲的沙漠地区，其抗旱能力非同一般。在春、秋季，可每一到两天浇水一次，冬季每周浇水一到两次，夏季每天浇水一次，或早晚各一次。阴天时要少浇水，避免盆土过湿。

净化空气

> 天竺葵可吸收空气中的氯气，对二氧化硫和氟化氢有较强的抗性。天竺葵还有很强大的抗菌作用，可杀灭多种室内存在的真菌。天竺葵对乙烯较为敏感，所处环境一旦乙烯超标，便会引起花瓣脱落，所以天竺葵可以监测所在环境中乙烯是否超标。天竺葵因品种不同，香气各异，吸收有害气体的同时还能为居室增香。

日常养护 🌱

光照

天竺葵喜光，除了盛夏时节适当避光，其他季节都要保持充足光照，光照不足会影响开花。

温度

适宜生长温度为15~25℃。冬季怕寒，不能低于5℃，夏季怕暑热，超过30℃会进入休眠期。

修剪

天竺葵要经常修剪，枝条过密，一来影响整体观赏性，二来容易导致病虫害。修剪的方法是先把内部过密的细弱枝条从基部剪去；花开后要进行一次大的修剪，将枯黄叶片、病叶剪除，并要整体疏剪枝条；休眠期也要进行一次修剪，剪去发黄的叶片，将过长的枝条剪短。

繁殖

天竺葵多用扦插法繁殖，剪下长约7厘米的枝条，插入细沙中，一个月左右便可生根。

病虫害

天竺葵自身有很强的抗病能力，因此很少发生病虫害。但为了预防万一，要时常修剪，预防枝叶过密、通风不畅而患病。

天竺葵的栽培历史

　　天竺葵是牻牛儿苗科植物，原产地在非洲南部，具体来说是在开普敦好望角附近。它广泛分布在高山草地、海滨沙滩、森林灌木丛中，并且多姿多彩。在1600年之前，被一艘停靠过好望角的船只带回荷兰莱顿的植物园。1631年，英国园艺家从巴黎购买种子并引进这种植物到英格兰，引发园艺界广泛兴趣与关注。世界各国育种家通过不断杂交，培育出近2000个天竺葵品种。

施肥

春、秋两季每周施一次稀薄的复合肥，夏季停止施肥。

! 品种不同香气各异

香叶天竺葵散发玫瑰花香；　　　　柠檬天竺葵散发柠檬香味；

极香天竺葵散发苹果清香；　　　　芳香天竺葵散发松脂气味。

皱叶天竺葵散发橘子香味；

Q：驱蚊草与天竺葵有关系吗？

A：驱蚊草又叫作香叶天竺葵，其实就是天竺葵的一种。它能释放出淡淡的柠檬香味，对蚊虫有一定的驱赶作用。据说一盆中型植株驱蚊草可在10平方米的空间内有效驱蚊，但驱蚊草的香气在夜间尤其浓郁，长期嗅闻这种香气会损伤神经系统。所以，如果想靠驱蚊草在夏天夜晚驱蚊，最好是摆放在阳台或窗边，那里通风良好而且与卧室有一段距离，最好不要直接摆放在卧室内。

在人们常散步的公园可地栽驱蚊草，绿化的同时驱赶蚊虫，让夏夜乘凉散步的人群有更加舒适的环境。

Q：天竺葵有什么药用价值？

A：天竺葵气味甜而略重，有点像玫瑰，又稍稍像薄荷。据临床记载，其曾被用来治疗霍乱和骨骼受伤。天竺葵常被用来做成精油，天竺葵精油具有止痛、抗菌、除臭、增强细胞防御功能、止血、补身的作用。在泡脚的热水中滴入几滴天竺葵精油，不但可以达到活血通络的目的，还能达到去除脚气、脚臭的效果。天竺葵精油适用所有皮肤，有深层净化和收敛效果，平衡皮脂分泌，还具有促进皮肤细胞新生，修复疤痕、妊娠纹的作用。

橡皮树

科属：桑科榕属
别称：印度胶树、印度榕

原产地 橡皮树原产地是不丹、印度、马来西亚等国。

外形 盆栽橡皮树分小型、中型、大型盆栽三种，中型盆栽株高在50～100厘米，大型盆栽可达1～2米。橡皮树树皮光滑，叶片厚、革质，椭圆形，叶色在浓绿至黑绿之间，富光泽。

空间布置

　　大型橡皮树更适宜摆放在进门玄关处，一进门就能给人清凉之感，也可摆放在庭院中。中型橡皮树则可以摆放在客厅电视柜边，看电视觉得眼睛累了，转眼就能看到油绿的橡皮树，看电视娱乐之余还可以养眼。橡皮树还可以摆放在书房的墙角，既可以给书房增添绿意还可以增氧，一举两得。

栽培管理

　　1. **介质**：疏松、肥沃的偏酸性土壤适合栽培橡皮树，可用泥炭土、河沙、腐叶土加少量底肥配制。

　　2. **浇水**：橡皮树喜水，夏季要常浇水，早晚各一次，蒸腾过快时要向叶面喷水。夏季雨水多时要注意防涝，积水会使植株烂根。秋、冬季保持土壤微湿。不管任何季节，因橡皮树的特殊净化作用，其呼吸、蒸腾作用快，叶片吸附灰尘多，所以要经常给叶片喷水。

净化空气

　　橡皮树可以吸收空气中的一氧化碳、二氧化碳、氟化氢等有害物质，还有超强的滞尘作用。因此要经常擦拭叶片，为橡皮树去污，使植株看起来精神。

　　橡皮树还有一个超强的功效，那就是净化二手烟，它对尼古丁和各种烟气都有极佳的吸收作用。如果家里有烟民，为了其他家人的健康，吸烟区域摆放两盆橡皮树，可净化烟气，还给家人清洁的空气。

日常养护 🌱

光照

橡皮树喜散射光，长期避光会使叶片变黄，所以应置于有充足散射光的地方，夏季注意避光，其他三季都要放在温暖向阳的地方。

温度

橡皮树是热带植物，不耐寒，最适宜的生长温度是15～25℃，高于35℃要挪到庇荫通风处，并喷雾降温。冬季低于5℃会进入半休眠期。

修剪

橡皮树在幼苗时期就要注意修剪，约20厘米高时要进行摘心，以促使侧枝萌发，株型更饱满。随着植株的生长，要将过长枝条剪短，黄叶、枯叶去除，以免影响整体观赏性。

繁殖

繁殖橡皮树选择扦插最容易成活，选一到两年生枝条，留取三个芽，芽节以上要保留一厘米长，以防嫩芽枯萎，插穗顶部最好半木质化，这样更易发根。插穗插入沙床中，放到通风庇荫处，每天给插穗喷雾，保持一定湿度，一个月左右就可以生根。

病虫害

炭疽病和灰斑病是橡皮树常见病害。炭疽病先从叶片发起，叶边出现淡褐色病斑，逐渐扩大到叶片中心部位，发病后要及时剪掉病叶病枝，并用百菌清溶液喷洒。灰斑病从树干开始，茎干呈现溃疡状的下陷，剥去树皮，会发现茎干内部已经变黑。灰斑病多从植株切口处感染，因此一旦植株有伤口，要赶紧涂抹一些草木灰或是多菌灵粉末，避免从伤口处感染。

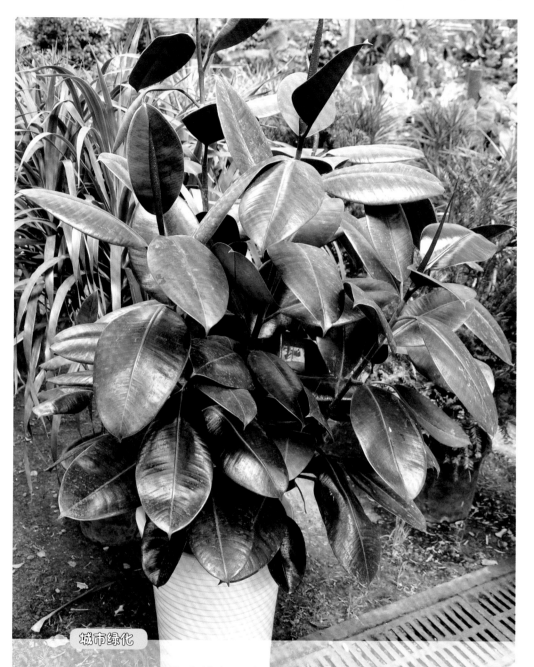

城市绿化

　　露地栽培的橡皮树能长到25米高左右，很多南方城市用橡皮树来绿化城市，栽培在花坛中心或是城市步道两侧，其树形苍劲、叶大油亮，特别富有热带气息。

施肥

　　除了每年翻盆要施足底肥，春、秋生长期间，每隔半月应施一次稀薄腐熟的饼肥水，秋末开始可减少施肥或暂停施肥。

Q：花叶橡皮树与橡皮树是什么关系?

A：花叶橡皮树是橡皮树的园艺品种，它与橡皮树同是桑科榕属的观叶植物。花叶橡皮树与橡皮树外形相似，唯一的区别便是绿色的叶面上有灰绿色或黄白色的斑纹或斑点。花叶橡皮树比橡皮树更具有热带风情，小型植株可以摆放在书桌边，工作学习之余，看看青翠的枝叶会放松心情。中型植株可以摆放在客厅或是玄关处，为居室增添绿意。花叶橡皮树的养护方法与橡皮树基本相同。

Q：橡皮树的变种与品种有哪些?

A：橡皮树常见的变种和品种有很多，金边橡皮树叶缘为金黄色；花叶橡皮树叶片稍圆，叶缘及叶片上有许多不规则的黄白色斑块，生长能力较弱，繁殖亦较慢；白斑橡皮树叶片较窄并有许多白色斑块；白叶黄边橡皮树叶片具不规则乳白色斑块，叶缘处具有不规则淡黄色或黄色边缘，但长势相对其他品种较缓慢；黑金刚橡皮树属圆叶类型，叶片呈墨绿色，具黑绿色光泽，是作为常见的品种之一；小叶橡皮树为橡皮树的矮生种，株高在2米左右，树干呈褐黄色或浅褐黄色，多年生植株呈灰褐或黑灰色，当年新生枝呈绿色。

蕨类植物

原产地 蕨类植物分布在世界各地，我国的西南地区是蕨类植物的主要分布中心之一，云南、台湾地区的蕨类植物种类繁多，云南的蕨类植物达1400余种，台湾地区有630多种。全世界现有发现的蕨类植物有12000种之多，主要分布在热带和亚热带地区。蕨类植物的年龄可与恐龙相比，在志留纪晚期开始出现。那个时候还不叫蕨类植物，叫作"羊齿植物"，一般为高大的乔木，现已经过进化成为低矮的草本植物。

外形 蕨类植物因种类不同，外形也千差万别。目前，市面上常见的，用来装点居室的有鸟巢蕨、肾蕨、银脉凤尾蕨、华盖蕨、散尾蕨、纽扣蕨等。蕨类植物的样子虽千差万别，但它有一种特殊的繁殖方式却是很多植物不具有的，那就是孢子繁殖，孢子繁殖属无性繁殖，就蕨类植物而言，是在叶片背面长出新的生殖细胞，生殖细胞可长成新个体。在植物界，现在可以进行无性孢子繁殖的只有蕨类、藻类、菌类、苔藓等植物。

空间布置

蕨类植物随着植株慢慢长大，可做垂挂植物使用。用吊盆吊挂在墙壁上，或是摆放在搁板上，都能凸显出植物独特的美感。在书房的高脚架上摆放一盆肾蕨，其枝叶四垂，叶色翠绿可人，仿佛有置身热带雨林的感觉。

卫生间、厨房这些相对采光差，阴暗潮湿的地方，刚好是蕨类植物大展拳脚的地方。蕨类植物还是混栽的理想植物，与其他观花植物搭配甚为合适。譬如在大花蕙兰的周边种几棵纽扣蕨或肾蕨，相间点缀几棵网纹草，效果会比单独种植观赏性更强。

栽培管理

1. 介质：栽种蕨类植物最好用疏松、肥沃、排水好的土壤，腐叶土、沙土、泥炭土加适量底肥可配制。

2. 浇水：喜湿，要经常浇水，向叶片喷水，保持周围环境湿润，但盆土不可以积水。

净化空气

对于蕨类植物的净化作用，曾有相关部门做过鉴定，蕨类植物在白天光照充足时，蒸腾量非常小。到了晚上，周围环境温度降低后，其叶片背面的气孔开启吸收二氧化碳功能，增加氧气浓度，降低二氧化碳浓度。也就是说，卧室中是可以放心摆放蕨类植物的，它不会与人争氧，反而会增氧，让睡眠环境更加舒适。

除了有效净化空气，蕨类植物还能吸收家装残留的有害物质，对办公设备中释放的甲苯和二甲苯，也有超强吸收作用。鹿角蕨、狼尾蕨、凤尾蕨对甲醛的降解率为65%，对苯的降解率为78%。家庭、办公室以及各种公共场所都适合养殖蕨类植物，因为蕨类植物对光照需求不多。很多办公场所采光都不甚理想，很多大叶的绿植生长困难，蕨类植物恰好相反，在阴暗的环境中依旧能正常生长。

日常养护

光照　长期荫蔽和阳光直射都不利于生长，半阴通风的环境最适合蕨类植物生长。

温度　最适宜生长的温度是15~24℃，低于5℃时植株叶片会变黑，高于35℃会生长缓慢。

修剪　发现枯黄枝条、病虫枝、黄叶、落叶都要及时剪除。

繁殖　蕨类植物除了孢子繁殖外，家养蕨类植物还可以进行分株和扦插。分株即将蕨类植物从盆中倒出，分成若干小株，但每一个株丛都要带有须根，这样才能保证分株成功。扦插法也可以用来繁殖蕨类植物，即剪下叶片扦插于介质中，生根后即可移栽变成新的植株。

病虫害　蕨类植物最喜欢高温高湿的环境，因此容易患一些因潮湿而引起的病虫害，如炭疽病、煤污病、褐斑病、线虫病、介壳虫、蚜虫等。这些病虫害前面都介绍过治疗方法，但防患于未然更重要，平时种植蕨类植物要注意通风，通风不好易使植物患病虫害。家庭治疗植物的病虫害，不建议选用氧化乐果乳油、敌敌畏这些高毒性的农药。一是家庭使用量很少，这些农药都要经过准确配比，容易造成浪费；二是这些农药具有很强的毒性，对人体伤害大，且容易造成环境污染，家庭种花，尤其是室内，根本不能使用。家庭种花防治病虫害要选择无公害、绿色环保的药品，如多菌灵、百菌清、杀虫王、土虫丹、介壳灵、病虫清等。

蕨类植物的栽培历史

  蕨类植物是最古老的陆生植物之一。在生物发展史上，从 35 000万年到27 000万年的泥盆纪晚期到石炭纪时期，是蕨类最繁盛的时期，为当时地球上的主要植物类群，高大的鳞木、封印木、芦木和树蕨等共同组成了古代的沼泽森林。二叠纪末开始，蕨类植物大量绝灭，其遗体埋藏地下，形成煤层。

施肥

蕨类植物需要的肥料不多，若是处在生长期的植株每月施一次薄薄的腐熟饼就可以。需要注意的是这类植株不能施速效化肥，在施肥时不要玷污叶片，防止植株被损伤。

Q: 蕨类植物中最高大的种类是什么？

A：桫椤是蕨类植物中最高大的种类，属于国家一级保护植物。桫椤与恐龙是同时代的植物，它的外形很像一棵树，多生长在温度高、湿度大的丛林中，主要分布在我国南方热带、亚热带地区，桫椤有木质化的茎干，羽叶长到茎干顶端，因此也被叫作"树蕨"。

Q: 鹿角蕨是形似鹿角吗？

A：鹿角蕨的叶片形似鹿角，在野生环境中，它主要附生在高大的树木上，在很多温室中被引种培育为观赏植物。现在我们常见的鹿角蕨叶色翠绿，喜欢阳光，需要在阳光下进行光合作用。在野生环境中，还有一种鹿角蕨是不需要进行光合作用的，它的叶片是腐殖叶，在细菌和微生物的协助下供给其养分生长。

Q: 家庭栽培最广泛的蕨类是哪种？

A：铁线蕨是目前家庭栽培最普及的一种蕨类植物。铁线蕨叶柄细长，紫黑色，有光泽，叶片小巧，叶边有不规则锯齿，株型小巧、形态优美，非常适合单独栽培或是与其他植物混栽。

第七章

雅致怡人，放松紧张心情

蜡梅

科属：蜡梅科蜡梅属
别称：腊梅、麻木紫、石凉茶、香梅等

原产地 原产地在我国，四川、湖北、陕西均有分布，其中河南省鄢陵县的蜡梅最为著名，有"鄢陵蜡梅冠天下"之说。

外形 蜡梅叶片呈椭圆形，对生，叶色深绿。花黄色，带蜡质，花朵清香。蜡梅常在寒冬时节绽放，12月到翌年1月是自然花期，皑皑白雪中其他花卉都凋零了，唯有蜡梅在雪中开放，有古诗赞颂蜡梅："梅需逊雪三分白，雪却输梅一段香。"虽寓意各有所长，但在寒冷的季节，冰天雪地里屹立盛开的也只有蜡梅了。

空间布置

蜡梅一般是庭院栽培，选择向阳温暖的地方，避免背阴。如果想放到室内栽培，那要选择小植株，栽入紫砂盆、陶盆等透水透气好的花盆。蜡梅生长较快，所以每年都需要换盆和修枝，而且蜡梅喜肥，要经常施肥，室内种植比较麻烦，更推荐庭院栽培。

栽培管理

1. **介质**：蜡梅喜欢疏松、肥沃、透水透气性好的沙质土壤。介质选择菜园土、腐叶土、粗河沙、腐熟鸡粪肥配制即可，其比例为1：2：1：少量。

2. **浇水**：宁干勿湿。有句俗语叫"旱不死的干枝梅"，意思是蜡梅不喜水，不需要经常浇水。有两个时期最忌水多，一个是开花前期，另一个是花期，水多会导致落蕾或花小、花少。

炎热的季节可适当浇水，早晚各一次。但在雨季则要减少浇水，而且还要避免积水。庭院栽培一般等土壤干透再浇水就可以。

冬季浇水要选在温度稍微高些的正午，井水、雨水、河水最佳，如果是自来水，最好放置一两天再用。

净化空气

汞就是我们常说的水银，生活中一般很难见到水银，最常用的有水银的用品也就是体温计，但体温计中水银的含量微乎其微。如果不慎将体温计打碎，水银淌出，应立即打扫房间，用抹布擦除，并开窗通风，一般不会对人体造成损伤。汞只有加热蒸发成汞蒸气才会给人体带来危害，造成汞中毒。但汞的沸点很高，加热到三四百摄氏度形成汞蒸气的情况一般是外界化学污染。如若担心汞蒸气危害，栽培蜡梅可吸收空气中的汞蒸气，有效改善空气质量。

日常养护

光照　蜡梅喜欢光照、也喜高温，夏季不必遮阴，但风大时要做一些防风措施。

温度　越冬的最低气温是零下15℃，但开花的最佳温度在-10℃~0℃，也就是要想让蜡梅开花，必须在-10℃以上。

修剪　蜡梅生长快，因此必须注重修剪，修剪工作一般在每年的3~6月间进行，需将老弱病残、病虫害的枝条全都剪去。

繁殖　主要是分株、压条、嫁接等方式，也可以用播种的方式，但一般播种的苗，培养3、4年后才会开花。

病虫害　蜡梅的病害少，虫害较多。病害如炭疽病、叶斑病，可用百菌清或多菌灵溶液喷施。虫害有蚜虫、介壳虫、刺蛾、卷叶蛾等，少的时候用手捕捉，多的时候要喷一些杀虫剂。

蜡梅 VS 梅花

很多人误以为蜡梅就是梅花，其实它们之间有很大差别，蜡梅的自然花期在入冬时，梅花则在3月；蜡梅花色以黄色为主，梅花则有白色、粉色、紫红色等；蜡梅叶片对生，梅花叶片互生；蜡梅花瓣呈蜡质，梅花花瓣较柔软。

施肥

蜡梅喜肥，每年修枝翻盆时都需要施足盆底肥，在生长期间，还要及时追肥。蜡梅所需的肥料，以磷钾肥为主，氮肥少施，这样可使蜡梅开的花更大，而且香气更浓郁。

饼肥是油料的种子经榨油剩下的残渣，如豆饼、花生饼、菜籽饼、麻酱渣等。这类肥料含氮元素比较多，作为底肥比较好用，用前要充分腐熟。腐熟就是用适量水浸泡，直至饼肥完全被水稀释腐烂后，进行浇根使用。饼肥在腐熟前是干饼肥。

有机液肥含有丰富的微量元素，除了氮、磷、钾三大元素外，还含有钙、镁、硫、锌等元素，而且有机液肥肥效高、流失少、操作方法简单、绿色环保，不会对环境造成污染。

氮肥促进枝叶生长，磷肥促进花久艳丽，钾肥促进根系生长。

! 蜡梅每年所需施肥的总量

5~6月间每周施肥一次，施腐熟饼肥水。

7~8月间每隔半月到1个月施一次磷钾肥，肥水要稀薄。

10月追一次腐熟的干饼肥。

11~12月间每月施一次有机液肥。

Q: 蜡梅可以制作盆景吗?

A: 当然可以。如果室内栽培的话，可选用造型别致精巧、大小适合的紫砂盆，上盆时对蜡梅植株进行适当修剪造型。

Q: 蜡梅可以做鲜切花吗?

A: 可以，选取植株上花蕾多、马上要开花的枝条剪下，插到注水瓶中摆放在室内，花开可保持一个月左右，但注意要每天给花瓶换水。清朝陈淏之《花镜》中道："若瓶供一枝，香可盈室"。

Q: 蜡梅可以食用吗?

A: 中医学认为，蜡梅能生津解暑、开胃散郁、止咳平喘，是清热解毒的良药。如果家中食用，可在药店购买上乘的干燥花蕾，泡水当茶饮用。也可以制作菜肴，鱼头汤、豆腐汤、白粥中都可以加入蜡梅花蕾，不仅能给菜肴增加香气，而且有清热去火的作用，在春、夏季节食用，能调理身体健康。

Q: 花中四君子包括哪四种?

A: 梅花、兰花、翠竹、菊花被称为"花中四君子"。它们分别代表着"傲、幽、坚、淡"四种品质。其中梅花所代表的即是高洁、傲骨，描述它在逆境中迎雪绽放的姿态。

Q: 作为城市绿化树木，蜡梅最宜布置在何处?

A: 吸收汞蒸气是蜡梅独有的净化特点之一，因此医院、学校或是一些医药科研单位周边，最应栽培蜡梅，既可以净化周边空气，还可避免有毒气体向外扩散。

紫薇

科属：千屈菜科紫薇属
别称：百日红、满堂红、痒痒树

原产地 原产地在亚洲南部及澳洲北部，现在我国江苏、江西、浙江、安徽、山西、北京等地均有栽培，紫薇已经成为诸多城市的重要绿化树木。

外形 紫薇叶片呈卵圆形，叶色翠绿光滑，对生，具短柄。花有6瓣，边缘曲折，有不规则的缺刻，花色有紫红色、粉红色、白色等。每年6～10月是紫薇的花期，成片的紫薇盛开在公园绿地或是道路两边，花团锦簇、绚丽灿烂。在开花植物中，紫薇的花期算是比较长的，杨万里曾有一首诗恰好描述过此事："似痴如醉丽还佳，露压风欺分外斜。谁道花无红百日，紫薇长放半年花。"

空间布置

如果推选一种植物，既花色明艳绚丽，又能净化空气，那非紫薇莫属。一般情况下，说到具有净化功能的植物，很多都是观叶的绿植，即便开花，也不如紫薇这样满树繁花，远远望去，花团锦簇、如火如荼。将其栽种在庭院中，或是院落周围，美化环境不说，还有聚财增寿、家庭兴旺发达寓意。

栽培管理

1. 介质：肥沃、富含有机质、排水好的土壤适合栽培紫薇。可选腐叶土、河沙、煤灰、少量底肥混合配制。

2. 浇水：紫薇耐干旱，忌水涝。春季保持土壤湿润，冬季要求土壤微微干燥，夏、秋两季可每天浇水一次，如果遇到暴雨或是连阴天，则减少浇水量和浇水次数，雨后要注意做好排水工作。浇水最好用井水、河水，若是自来水，要放置几天后再浇水。

净化空气

　　紫薇可以吸收二氧化硫、氯气、氯化氢、氟化氢等有害气体，它的叶片还能吸滞粉尘。据测算，1千克的紫薇叶片可吸收10克左右的硫，每平方米可吸滞灰尘4.5克左右。现在很多城市的公园、道路两侧、公共绿地都栽培大量紫薇，主要是因为它良好的净化效果。

　　紫薇花有香味，它所释放的挥发性油，可以有效杀菌。实验证实，紫薇的挥发油在5分钟内就可以杀死白喉菌和痢疾菌等有害细菌。

　　紫薇属于落叶灌木或小乔木，会长成较大植株，而且生长也比较迅速，所以更适合栽种在室外。而且紫薇喜肥，要经常施肥，如果是饼肥或是无机肥料，多多少少都会有一些臭味，影响居室内气味。

日常养护

光照

紫薇喜光，生长期必须放在阳光充足处，接受完全光照，否则会使植株徒长，开的花则会变得又小又少。

温度

三年以下的小植株室外越冬要做一些防护保暖措施，三年以上的成年植株可在室外安全越冬，但要开花，温度必须保持在25℃以上。

修剪

紫薇的枝条生长速度快，但新枝都比较细，必须经常修剪，在开花期间，凡是残花的枝条都要及时修剪掉，这样避免残花枝条耗损养料，能延长花期。入冬前，要进行一次大规模的修剪，凡是病虫枝、细弱枝、枯枝都要修剪掉。紫薇的枝条细长，比较容易造型，如果要给紫薇树造型，需在修剪时同时进行。

繁殖

主要是播种、分株、扦插。播种与扦插一般春季进行，分株则在10月份花期过后比较适宜。

病虫害

紫薇比较容易遭受病虫害。对于植物的病虫害，预防重于治疗，保证充足的光照、保证通风良好这两点非常重要。病害主要有白粉病、褐斑病和煤烟病，这三种植物病害都是真菌感染，主要危害的是紫薇的叶片，轻则少许叶片脱落，重则整株叶片掉落，花蕾掉落，甚至植株枯死。虫害主要是一些蛾类，少时可人工捕捉，多了就需要喷洒一些杀虫剂。但在庭院栽培中，杀虫剂最好选择绿色环保型的，避免化学性杀虫剂造成环境污染。

紫薇为何别称"痒痒树"

　　成长的紫薇树，每年都会脱掉老皮，长出新皮，但长成的老树，脱掉老皮后就不再长新皮了，整个树干光滑无皮，如果轻轻碰触一下，紫薇的枝叶会颤动，甚至会发出类似"咯咯"的声音，这种现象很像怕痒的人在"咯咯"笑，所以便把紫薇叫作"痒痒树"。

施肥

紫薇喜肥，春、夏季是生长旺季，要适量多施肥，每隔10天施一次营养元素全面的有机液肥。秋季减少施肥量，可每半月或隔月施一次肥料。入冬后，需要停止施肥。

5~6月要施一次磷钾肥，促进花大、花色艳丽、花期长。

紫薇的肥料以三元素肥为主，配合有机液肥和磷钾肥施肥，底肥可选骨粉和腐熟干饼肥。

! 关于紫薇仙子的传说

年是个凶猛的怪兽，关于它的故事在很多传说中都出现过。传说年出来祸害人间百姓，天上的紫微仙子下凡，将年捉住并锁在山中，这个年神通广大，紫微仙子怕自己一走，年又逃出深山，于是她就留在了人间，化成了一株株紫薇树。

后人就将变成紫薇树的紫微仙子看作是平安、幸福、祥和的象征，从这个角度讲，院落中栽培紫薇树有招财旺家的寓意。

顺带科普一个花卉礼仪，如果亲人朋友的公司开业，可以赠送紫薇，它寓意生意红红火火、财源兴盛。

Q: 紫薇的品种与花色？

A: 紫薇主要有四个品种，紫薇——花色为紫红色；翠薇——花色为蓝紫色，叶色暗绿；赤薇——花色呈火红色；银薇——花色为纯白或是淡淡的粉色。

Q: 有哪几个城市用紫薇作市花？

A: 河南省安阳市、济源市，山东省泰安市、烟台市，江苏省徐州市、四川省自贡市，湖北省襄阳市等都用紫薇作市花。

Q: 紫薇有哪些药用价值？

A: 紫薇全身都是宝，根、树皮、叶和花都可以作药用。紫薇的根和皮可以清热解毒、利湿祛风、散瘀止血。可对无名肿毒、丹毒、乳痈、咽喉肿痛、肝炎、疥癣、跌打损伤、内外伤出血、崩漏带下等症有效果。紫薇叶主要用来治疗痢疾、湿疹、创伤出血。在《湖南药物志》中提到紫薇叶用水煎服可治白痢，紫薇叶捣烂外敷或煎水洗可治湿疹。

木 槿

科属：锦葵科木槿属
别称：木棉、荆条、喇叭花

原产地 相关资料记载，木槿属物种起源于非洲大陆，但我国已经有几千年的种植历史，现全国各地均有栽培。木槿是韩国的国花。

外形 木槿属落叶灌木或小乔木，我们常见的品种主要是大叶和细叶两种，大叶的花多成簇，开放时极为壮观。小叶的枝干较为光滑，叶片小，花为粉红色。木槿花有单瓣和复瓣之分，花色比较多，目前已知品种有40多种。

空间布置

　　木槿一般栽种在庭院中，或是围墙边，不太适合在居室内部种植，因为成株的木槿有2～6米高，超过了一般居室的层高。但木槿是可以盘曲成其他造型的，它的枝条细长，易于弯曲，造型成花篮或是其他形状，便可以装饰居室。

　　木槿花期很长，可从五六月份一直开到秋风飒飒时，而且病虫害少，容易管理，品种丰富，花朵大，花色丰富，属于良好的庭院装饰净化花卉。

栽培管理

　　1. **介质**：对土壤要求不高，微酸或微碱性土壤都可以栽培木槿。菜园土、河沙、腐叶土混合即可作为木槿的栽培介质。

　　2. **浇水**：木槿喜湿，整个生长期都忌干旱，从5月份到10月份都要充分给水，保持土壤湿润，盛夏时，早晚都要浇水一次。花期过后，每周浇水两到三次，入冬后可停止浇水，直到第二年春天开始恢复浇水，在华北地区，木槿是可以室外露地越冬的，越冬期间不要浇水。

净化空气

　　木槿可净化和监测二氧化硫，净化氯气、氯化氢等有毒气体，而且还有极佳的吸尘功能。据试验证实：当木槿受到二氧化硫侵害时，它的叶片不再保持绿色，变得灰白、发黄，严重时枯萎掉落，且叶脉之间会出现形状不一样的斑点。木槿虽惧怕二氧化硫，但它对氟化氢却有抵抗作用。据测定，距离氟化氢污染地200米左右的地方，木槿还是能正常生长，毫不受到影响。

日常养护

光照

木槿喜光，可耐半阴。庭院的南面或是东、西面均可种植，只要不是北面长期背阴处就可以。光照充足会使植株叶绿花艳，花期时间长，如果是装饰庭院，最好栽种在围墙外或院门两边。

温度

最适合木槿生长的温度是15～28℃，温度持续在25℃以上1周左右木槿才可以开花，木槿可在北方室外越冬。

修剪

木槿主枝很多，侧枝更多，过多的主枝会导致养分分散，植株不聚拢，而是向外散开生长，影响美观，因此必须及时修剪掉周围的主枝和侧枝。一般修剪时间在秋末或春初进行，结合着扦插繁殖，细弱的侧枝随时可以修剪。

繁殖

主要是扦插和播种。扦插更容易、更常见，剪取一段木质化的枝条，长度在20～30厘米就可以，插在培养介质中，1个月左右就能生根了。或是在母株根基部多埋些培养土，这样会新生出一些幼株，大概需要两年左右时间，幼株长成后，从母株旁边连根切掉幼株，就可以移栽变成新的植株了，后者这种方法扦插的新苗更容易成活。

病虫害

木槿常见的病虫害有煤烟病、褐斑病和蚜虫。煤烟病和蚜虫一般是共同存在的，木槿被蚜虫侵害后，蚜虫的蜜露或排泄物会污染叶片，使叶片被黑色的病菌污染，解决方法要与治理蚜虫一并进行，可选一些家用环保型的杀虫剂，先灭杀蚜虫，然后用多菌灵溶液对植株进行喷洒。褐斑病也是一种植株的细菌感染疾病，被褐斑病侵害后，叶背会生出暗褐色的绒状物，严重时满布叶片，可用50%甲基硫菌灵溶液喷洒。

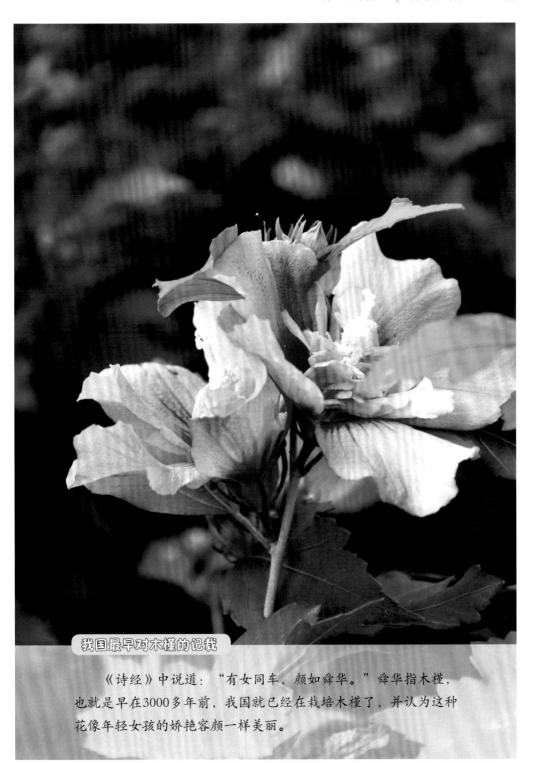

我国最早对木槿的记载

《诗经》中说道："有女同车，颜如舜华。"舜华指木槿，也就是早在3000多年前，我国就已经在栽培木槿了，并认为这种花像年轻女孩的娇艳容颜一样美丽。

施肥

　　木槿耐贫瘠，即便不施肥也能顺利生长，我们常在路边或是公园步道看到木槿，很多都是春季发芽后就从未施过肥的，但长势一样良好。作为庭院栽培的装饰植物，可在开春时，在植株旁边挖个深坑，堆一些干饼肥，如果希望花期延长，开花期间可施一到两次磷钾肥。

养花Q&A

Q: "朝开暮落花"是木槿吗？

A: 是的。木槿早晨开花，傍晚花落，故别称叫"朝开暮落花"。

Q: 韩国为什么选木槿做国花？

A: 韩国人民认为木槿花期长，可象征昌盛繁荣的国运，于是将"无穷花"也就是木槿定为国花，并以白色的木槿为主，因为它是公正、诚实、廉洁的象征。

Q: 木槿可不可以食用？

A: 木槿不仅可以观赏美化庭院，还可以食用。木槿的营养价值极高，含有蛋白质、脂肪、粗纤维，以及还原糖、维生素C、氨基酸、铁、钙、锌等，并含有黄酮类活性化合物。木槿花蕾，食用口感清脆，完全绽放的木槿花，食用十分滑爽。利用木槿花制成的木槿花汁，具有止渴醒脑的保健作用。日常生活中还可以用木槿做各种菜吃，吃法主要有做汤、炒肉丝、煮粥。高血压病患者常食素木槿花汤会有良好的食疗作用。

Q: 木槿有哪些花色？

A: 木槿有很多个品种，大多以粉色系(红心木槿)为主，另有紫色系(紫芳木槿)、红色系(日出红木槿、丽人木槿、胭脂木槿、玫瑰木槿)、白色系(蒂娜木槿、天山雪木槿、白花篮木槿)、蓝色系(蓝月亮)等花色。

蜀 葵

科属：锦葵科蜀葵属
别称：一丈红、戎葵、斗篷花

原产地 原产地在我国的四川，现在全国各地均有种植，因在蜀地发现这种美丽的花，其花型大，类似葵花，故称"蜀葵"。

外形 蜀葵外形与木芙蓉相似，蜀葵茎高2.5米左右，它的叶片大，边缘有不规则的锯齿，叶片正反两面都有绒毛，花单生于叶腋处，花冠大，花冠边缘处有不规则的齿裂，花色多，有紫红色、黄色、白色、粉红色等。花期从5月到9月。

空间布置

蜀葵作为有效抵抗污染物质的植物，一般布置在庭院外围，如篱笆边、墙边，这样做起到的效果是将有害气体阻隔在外面，而不使庭院内的其他花卉受到危害。

蜀葵的茎高2～3米，不太适合进行室内装饰，宽敞的空地或公园、广场处，刚好适合栽培蜀葵，艳丽的花朵，长达4个月的花期，可单独栽培，是良好的净化、装饰性花卉，围植在其他花卉外围，是良好的植物屏障。

栽培管理

1. **介质**：蜀葵不择土壤，不论酸性还是碱性土壤均可以正常生长，但疏松肥沃的土壤能让蜀葵长得更好、更苗壮，基质可选菜园土、腐叶土、煤渣混合而成。

2. **浇水**：蜀葵喜湿，开花期要经常浇水，早晚各一次，必要时给植株喷雾。10月后，土微微湿润即可，花期过后，要剪掉地上茎，地下根可继续留在土壤中越冬，第二年春天会萌芽长出新的植株。冬季不需要浇水，3月份要浇透水，等植株萌芽后，要保持土壤湿润，这样植株才能健康生长。

净化空气

蜀葵对硫化氢、氟化氢、二氧化硫有很好的抵抗能力，可净化空气、抗污染，是著名的环保植物之一。如果推选一种能抵抗污染环境的超强花卉，那非蜀葵莫属，因为它超级皮实，不择土壤贫瘠、不惧有毒气体污染，生性非常强健。

偶尔会看到这样一番景象，在一些化工厂的排污口处，黑灰色的臭水散发着难闻的异味，除了同样生性强健的小草外，几乎找不到任何野生花卉，只有蜀葵在不远处倔强地挺立着，花开得富丽堂皇。由此看来，蜀葵抵抗有毒气体的能力超级强。在化工厂附近、城市公路两侧及其他污染严重的区域可栽种蜀葵作为绿化植物。

日常养护

光照

蜀葵喜光，但也耐半阴。如果想植株粗壮，花色艳丽，花朵多，应保证充足光照。朝南的篱笆和围墙边是栽种蜀葵的好地方。

温度

最适合蜀葵生长的温度是15~30℃。

修剪

蜀葵在整个生长期、开花期都可以不用修剪，花期后入冬前把地上部分的茎剪掉就可以了。

繁殖

蜀葵的繁殖方法有播种、分株和扦插，因为蜀葵是二年生草本植物，播种的方法更常见，一般春播当年5、6月份就可以开花，播种的植物不论抗性还是生命力都优于其他繁殖方式的植株。蜀葵的分株繁殖也很简单，花期结束后，把老株的地下根挖出来，分割出带须根的茎芽，移栽后浇透水，第二年春、夏便可以开花。扦插是取老株根基部萌蘖的茎条作插穗，插入细沙中，发根后移栽便可成为新的植株。

病虫害

蜀葵很少受到病害侵袭，虫害有红蜘蛛和叶螨，发现虫害后，要及时用杀虫剂喷洒。多年生的老株蜀葵，容易感染蜀葵锈病，叶片枯黄，叶背有棕褐色的孢子堆，严重时可致植株死亡。从这个角度看，蜀葵需要孕育新植株来替代老株。

唐诗中对蜀葵的记载

　　唐朝边塞诗人岑参有《蜀葵花歌》："昨日一花开，今日一花开。今日花正好，昨日花已老。始知人老不如花，可惜落花君莫扫。人生不得长少年，莫惜床头沽酒钱。请君有钱向酒家，君不见，蜀葵花。"蜀葵即蜀葵。

施肥

蜀葵耐贫瘠，施肥非常简单，开春时，可在植株周围挖坑埋一些基肥，也可选动物粪肥或有机液肥。当植株叶腋处长出花芽时，可追施一次磷钾肥。整个花期不需要施肥，只要保证水分充足就可以了，花期后也不需要施肥。

！药用及食用价值

蜀葵的子、根、苗及花都有食用价值，子、根可入药，有清热解毒、利尿消水肿的功效；苗可以作为蔬菜食用，用水焯一下凉拌即可食用；花所含的色素可以给糕点或是饮食着色。

蜀葵的南北别称

在南方，一般是梅雨季节来临时，蜀葵花朵绽放，因此在南方别称为"梅雨葵"。在北方，蜀葵开放的季节正好赶上端午节前后，因此别称"端午锦"。

Q：蜀葵的花期可提前吗？

A：可以。蜀葵花大色艳，自古皇宫或是富家都喜欢在住宅周围栽种蜀葵，以显示富丽堂皇之感。如果想让蜀葵在春节前后开花，给节日增添一些喜庆氛围，那就需要改变播种时间，秋天播种，移至室内过冬，植株会慢慢生长，冬季、早春便可以观赏到蜀葵的花容月貌。如果室内盆栽种植，需要选大一些的花盆，并给蜀葵搭好立架，防止倒伏。

Q：蜀葵有哪些药用价值？

A：蜀葵的嫩叶和花可以食用，皮为优质纤维，全株可以入药，有清热解毒、镇咳利尿之功效。蜀葵的根可以作为润滑药，用于黏膜炎症，起到保护黏膜、缓和刺激的作用。从花中提取的花青素，可以作为食品的着色剂。全草入药，有清热止血、消肿解毒之功效，可以治疗吐血、血崩等症状。

Q：《甄嬛传》里面的经典片段，怒赏"一丈红"，说的是蜀葵吗？

A：传说"一丈红"是后宫中用来惩罚犯错的妃嫔和宫人的用语。取两寸厚五尺长的板子责打女犯腰部以下的位置，不计数目打到筋骨皆断、血肉模糊为止，远远看去，鲜红一片，故曰"一丈红"。这里的"一丈红"是否是指蜀葵，我们不得而知，但是蜀葵的别称确实为"一丈红"。

玉 兰

科属：木兰科木兰属
别称：望春花、玉兰花、木兰、玉堂春

原产地 原产于我国长江流域，现全国各地均有栽培。是我国著名的绿化植物，也是开花最早的花木之一。早春三月，玉兰会与连翘、迎春等一起展露花苞，这三种芳香花卉是最早开花的植物，给三月增添许多春意。

外形 玉兰属于落叶大乔木，叶片呈倒卵形、互生，叶片背面被一层绒毛。一般先开花后长叶，花单瓣，花瓣大呈卵圆形，气味清香，是著名的芳香花木。

空间布置

　　玉兰花朵硕大，芬芳洁白，是著名的芳香植物，可栽种在庭院中或是院落墙外。玉兰原产于我国，早在公元6世纪，我国佛寺中就开始培植玉兰。玉兰所在之处，常被寓意吉祥如意、富有和权势。古时，玉兰栽培在哪里，是有特别讲究的。如种植在纪念性的建筑物前面，就象征着品格的高尚和脱俗的理想；如果栽培在草地、草坪旁边，则寓意着青春活力、充满生命力；如果插到瓶中摆放在室内，则寓意着家庭和谐、充满幸福感。

栽培管理

　　1. **介质**：疏松肥沃、排水好的土壤是玉兰最喜欢的，但其在弱碱或是弱酸性土壤中也可以生长，家庭栽培可用腐叶土、河沙、菜园土配成栽培土。

　　2. **浇水**：玉兰耐干旱，不喜湿，如果地处低洼地，不慎积水，很容易烂根而死。花期只要保持土壤微微湿润即可，微干也可，花期后减少浇水，入秋后可停止浇水，这样更利于室外越冬，早春可浇透水一次，再次浇水需等到孕蕾开花期时。

净化空气

　　玉兰对二氧化硫、氯气等有害气体具有超强抗性，还可以耐油烟，净化室内空气，开花时可剪取几枝插到花瓶里，摆放在油烟重地——厨房。要知道，大多数花卉植物都怕油烟，所以厨房一般不能摆放植物，而玉兰有净化油烟的作用，能为厨房带来洁净的空气。

　　玉兰对汞蒸气还有一定的吸收能力，是非常好的抗污染花卉。因此，现在玉兰多栽培在庭院、公园和道路两旁，为的就是减少大气中的污染气体，净化城市环境。

⚠ 家庭自制肥料

家庭养花所用的肥料，既可以在市面上买也可以自制。自制肥料其实很简单，我们最常用的方法是将各种废料制成液肥。方法如下：

选阔口的瓶子、罐子，要有一定的容积。将生活中常见的厨余物品，如菜叶、动物内脏、果皮、鸡蛋壳、花生、豆渣、麻酱渣等放到里面，加一定量水，并喷一些除菌除虫药，然后将瓶口或罐口用保鲜膜封紧，放到阴凉处发酵，经过两三个月就可以使用了，但使用前要兑水稀释。

日常养护

光照
玉兰喜光，也可耐半阴，但长期放在荫蔽处会使植株长势减缓，花开不旺。

温度
最适合玉兰的生长温度是15～25℃，但玉兰在冬季可耐极低温度，在﹣20℃以上都可以安全越冬。

修剪
对于细弱枝、徒长枝、病虫枝、开过花的枝条要剪除，但修剪要与抗菌工作一同进行，最好在修剪的伤口处涂抹一层抗菌剂。因为玉兰枝干的伤口愈合能力差，容易感染病菌。因此除了以上几种枝条最好不要经常性修剪。

繁殖
播种、嫁接、压条、扦插等四种方法是玉兰可采用的繁殖方法，但最为常用的是嫁接和压条两种。

病虫害
玉兰的病害主要有炭疽病、黄化病等，都是危害叶片的病害。虫害主要有天牛、红蜘蛛、霜天蛾等，发现虫害要及时用药喷杀。玉兰是抗性比较强的树种，只要肥水管理得当，土壤不过于碱性，通风良好，一般植株不会发生病虫害。

玉兰的品种

玉兰的品种很多，常栽培的有紫玉兰、荷花玉兰、黄玉兰、二乔玉兰等。颜色多为淡紫色、白色、黄色，绝大多数有宜人的清香。

施肥

玉兰并不需要过多肥料，但缺肥会使花朵不香，开花不大，所以在生长期可施两次稀薄的有机肥。早春浇透水时，可进行一次施肥，可施用腐熟的动物粪肥或是饼肥。开花前施肥一次，可选用微量元素全面的有机液肥。花期中，可施一次磷钾肥，可延长花期并使得花更浓香。

! 解析"玉棠春富贵"

在我国的传统文化中，对宅院的绿化是有讲究的。配植植物时讲究"玉棠春富贵"，这是什么意思呢？

玉即玉兰，棠即海棠，春即迎春，富为牡丹，贵为桂花。也就是说，一般皇宫庭院或是富贵人家，在绿化时都会同时培植这几种花卉，能显示出富贵堂皇之感。

吸收二氧化硫

据相关实验，1千克的玉兰干叶可吸收二氧化硫1.6克，由此可见，玉兰对二氧化硫的吸收能力是超强的。

Q：玉兰的香味是从哪里来的?

A：玉兰香气淡雅，是著名的芳香花卉，但你知道花卉的香味是从哪里来的吗?

在花朵的花瓣中有一种油细胞，它能分泌出带有香味的芳香油，当花朵开放时，芳香油会随着水分一起散发出来，这就是我们闻到的阵阵清香。每种花卉不同，芳香油不同，它们所散发出的香气也不一样。

花卉中除了带有芳香油的植物能散发香气，还有一种花卉，它们的细胞中含有一种叫作"糖苷"的物质，糖苷经过酵素分解后也会散发香味。

在芳香植物中，芳香油的作用很巨大，我们常用的护肤品，如精油、面霜、香水等，都是提炼的植物芳香油，再经过加工添加到护肤品中被我们所用。

Q：玉兰每年开几次花?

A：玉兰花通常每年开一次花。开花的时间是在每年3~5月份。但如果生活在温度较高的南方，那在本年12月到翌年1月期间就可以开出花来。越往南，花期越早，所以花期是由地区而定的。北京地区的玉兰花多在3月中下旬盛开，为京城初春时节最早绽放的花卉之一，也是最有名的早春观赏花木之一。玉兰花开，预示着春天的到来，所以老北京人多将其称之为"望春树""望春花"。

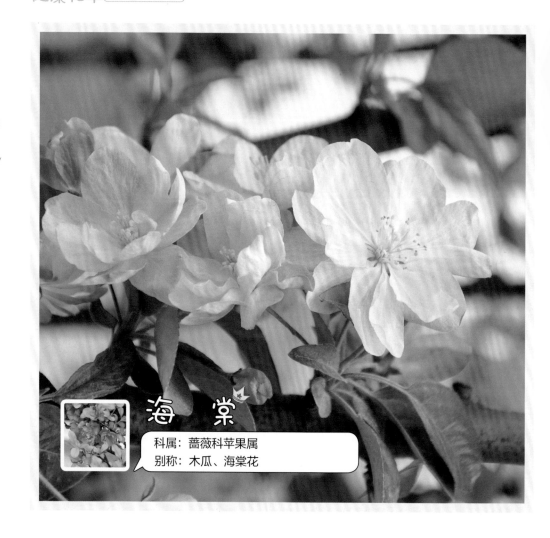

海 棠

科属：蔷薇科苹果属
别称：木瓜、海棠花

原产地 海棠原产于我国河北、山西、山东、辽宁、陕西等省，现全国各地均有栽培。海棠是我国传统名花之一，素有"国艳"之美誉。

外形 海棠因品种不同外形也有区别，但所有品种均是花色艳丽动人、极具观赏价值的。垂丝海棠花梗细长下垂，花蕾如胭脂点点，花型像小莲花。西府海棠花呈粉白色，是观赏花卉中的知名品种。贴梗海棠花梗很短，花朵紧紧贴在花枝上，故名贴梗海棠。海棠均为落叶灌木或小乔木，花后均结果，我们常吃的酸酸甜甜的海棠果即是。虽然海棠花的美艳颠倒众生，但没有香味，张爱玲笔下曾写过"三大恨事"，一恨鲥鱼多刺，二恨海棠无香，三恨红楼梦未完。

空间布置

　　海棠株型优美，种植在庭院向阳处或是与其他树木相互点缀。当然，也可以将盆栽海棠摆放在门厅、窗边等处，但作为灌木或小乔木，地栽还是最好的培植方式，更利于植株生长。

栽培管理

　　1. **介质**：疏松，排水、透气性好的土壤较适合，中性土壤最佳。

　　2. **浇水**：海棠耐干旱，所有时期都不需要浇水过多，开春花芽萌发时浇一次透水，开花期间保持土壤微湿，坐果后要减少浇水，水大会引起落果，果实味道变淡。秋季叶子落光后，要慢慢减少浇水，直至断水。冬季不需要浇水。

净化空气

　　秋海棠是秋海棠科秋海棠属的草本植物，与我们所说的木本海棠花不是同一类植物，但秋海棠也具有空气净化作用。它可以清除空气中的氟化氢等有害物质，对氮氧化合物很敏感，当空气中的氮氧化合物超标，秋海棠的叶片首先发出警示，叶片会布满斑点甚至慢慢枯萎。

　　海棠对二氧化硫、氟化氢、硝酸雾等有明显的抗性，可以吸附烟尘，对二氧化硫还有突出的吸收能力，因此海棠常被作为城市的绿化树木布植在街道边或是公园绿地等处。如果家里装修不久，可以摆几盆海棠盆栽，它能帮你有效吸收装修后室内残留的化学物质。

日常养护

光照

喜光照，缺光会导致植株长势不佳。

温度

5～30℃是海棠最适宜生长的温度，它也耐低温，冬季时温度低
至-15℃，海棠仍能室外越冬。

修剪

对海棠的修剪一般在早春萌芽前进行，将细弱枝、徒长枝剪掉，
可减少养分浪费。

繁殖

可用嫁接、压条、扦插、分株、播种等方法繁殖，一般初春用扦
插、分株、压条法繁殖，秋季可进行嫁接。春季可以播种繁殖，
播种前要进行低温催芽。

主要病害有腐烂
病、赤星病；虫
害有金龟子、卷
叶虫、蚜虫、红
蜘蛛等。发生病
害主要与过于干
旱、枝条间通风
透气差有关系。
一旦发生病虫
害，要及时用药
控制。

病虫害

海棠的品种

　　明代《群芳谱》记载的"海棠四品"即西府海棠、垂丝海棠、贴梗海棠、木瓜海棠。除此外，还有很多花型与海棠很像，却并非蔷薇科的植物，如秋海棠科秋海棠属的四季海棠、丽格海棠等，后面两种是室内观花类盆栽，而非"国艳"海棠花。

施肥

海棠对肥料的需求不多，肥料过多很可能造成植株徒长，花不艳丽。开春花芽萌发前施一次稀薄有机肥。入冬前施一次全效肥，补充花果期消耗的养分。如果是多年的老树，冬末春初需要增施一次底肥，以腐熟的动物干粪肥为主，施肥的同时要浇透水。

⚠ 古时富贵的象征

在《诗经》中，用海棠来形容诸侯大夫家中女孩子的雍容高雅之态。后来人们便把海棠看作富贵之花，亭中栽培海棠的家庭非富即贵。也有一些大户人家，家中有小女孩，会在院中栽种几棵海棠树，寓意着这个孩子长大后高雅美丽、大富大贵。

卧室首选的净化花卉

卧室是睡眠场所，很多香味浓郁的花都不宜放到卧室，但海棠既可有效净化空气，又无异香，是最适合卧室摆放的花卉。可选取含苞待放的枝条剪下，插到花瓶中放在卧室，既可吸收有害气体，又不会因浓郁的香气而影响睡眠。

Q: 四季海棠、丽格海棠、秋海棠都是海棠吗?

A: 它们虽叫海棠，却不是蔷薇科的木本植物，而是秋海棠科的草本植物，我们本节所说的净化空气的是木本的海棠。木本海棠可开花结果，果实可食用。而草本的海棠只做室内观花植物用，因为它们花型与海棠花相像，所以用海棠命名。

Q: 秋海棠也有别称是"断肠花"或"相思草"，由何而来?

A: 据传，古时有夫妇两人，他们靠种花、卖花为生。男子名贵棠，女子被人唤作贵棠娘子，女子除了帮丈夫种花，还剪得一手好的花样，还能帮别人制作绢花、干花等。虽然夫妇两人很努力，但日子却一直清贫。某日，贵棠听说把绢花贩卖到海外很赚钱，就叫娘子做一批绢花，自己带到海外去卖。贵棠娘子虽不忍心分开，但为了生计，只得与丈夫离别。

贵棠带着妻子做的绢花乘船去了海外，结果一去就全无音讯，菊花盛开时分别，山茶开花时还未归家。就这样，贵棠娘子倚着北窗苦等丈夫归来，一年又一年，她洒落泪水的地方长出一株植物来，叶色翠绿，秋天开花。人们说这植物是贵棠娘子哭出来的，因在秋天开花所以叫秋海棠，又因这背后有一段凄凉的爱情故事，所以也称其为断肠花或相思草。

木芙蓉

科属：锦葵科木槿属
别称：芙蓉花、拒霜花、木莲

原产地　木芙蓉原产于我国，在西南地区，江苏、浙江栽培较多，现在全国各地均有种植。

外形　属落叶灌木或小乔木，植株高1米左右，丛生，叶片呈宽大的卵圆形，边缘有5~7裂，先端尖，叶片上被细毛。花单生于枝端或生于叶腋间，有5厘米左右的花梗，花萼呈钟形，花有单瓣和复瓣之分，花色主要有白色、粉色、黄色等。

空间布置

　　木芙蓉环境适应性极强，可栽种于庭院中，花开时如朝霞散绮，别有情致。既可以吸收庭院附近的氯化物，还可以完美地装饰庭院环境。古时有文记载，种木芙蓉有三利，其中一利便是庭院中种植，为时令之名花，怡情悦目。

栽培管理

　　1. **介质**：木芙蓉喜欢疏松、肥沃的沙质土壤，但在贫瘠土壤中一样可以生长。

　　2. **浇水**：生长期要保持土壤湿润，开春萌芽前浇一次透水，到了夏季，如果天热干燥，就要早晚浇水，花期过后慢慢断水，木芙蓉对水分的需求并不严苛，多点少点它都可以健康生长。

净化空气

　　木芙蓉有强大的净化能力，能抵抗二氧化硫、氯气、氯化氢等污染气体。木芙蓉与木槿外形类似，并属于同一科属，而且它们起到的净化功能也非常类似，对于氯化物有很好的抗性和净化作用，可在庭院中搭配种植木槿。

! 清热解毒良药

木芙蓉除了净化作用超群，还是清热解毒的良药。如果被蚊虫叮咬，或是烧伤烫伤，可将木芙蓉花、叶晒干后磨粉，用芝麻油拌匀外敷或涂抹伤口，可起到清热解毒之功效。

日常养护

光照　喜光照充足的环境，偶尔半阴也可以生长开花。

温度　木芙蓉的适宜生长温度为18~30℃，不耐寒，室外越冬时，低于-10℃要做一些防护保温措施。

修剪　木芙蓉生长期一般不需要修剪，开花期过后，整丛剪掉，留下的地下根在第二年春季仍能萌发生长。

繁殖　扦插、分株、播种是木芙蓉常用的繁殖方法，其中以扦插为主，春季萌发生长后，剪下粗壮的枝条，约20厘米长，插在沙土中，一个月左右即可生根。分株一般在早春萌发前进行，将地下根挖出，分出一部分根单栽，一般当年分株种下，当年就能开花。

病虫害　常发的病虫害有蚜虫、红蜘蛛、盾蚧等，发生虫害时要及时用药喷杀。

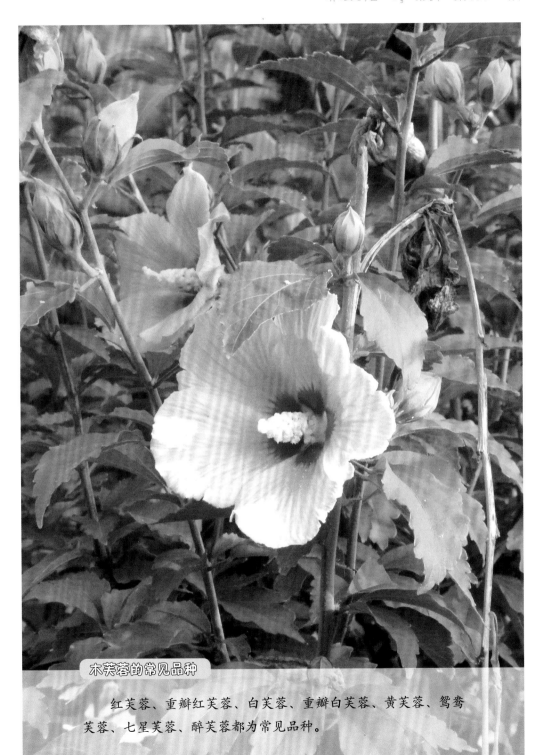

木芙蓉的常见品种

　　红芙蓉、重瓣红芙蓉、白芙蓉、重瓣白芙蓉、黄芙蓉、鸳鸯芙蓉、七星芙蓉、醉芙蓉都为常见品种。

施肥

木芙蓉对肥料的需求不多，早春伴随浇水施一次基肥。生长期每隔半月施一次稀薄磷肥，磷肥可使其花大色艳。

⚠富贵吉祥的象征

木芙蓉花姿优美，古时为富贵吉祥的象征，这从古代刺绣作品中就能看出来：将木芙蓉与牡丹放在一起，寓意"荣华富贵"；将木芙蓉与桂花组合到一起，寓意"夫贵妻荣"；将红色的木芙蓉配文竹，寓意"大吉大利"。在古时，如果亲人朋友新婚，可将木芙蓉的绣品作为礼物。

花色的变化

木芙蓉的花色会随着早、中、晚时间不同而发生变化，早晨呈粉白色、中午为浅红色、晚上转成深红色，一日三次变化，故名三变花。这看起来很神奇，其实是由于植物内的色素随着温度、酸碱度的变化而产生的颜色变化。

Q: 芙蓉花可以染色吗?

A: 白居易的《长恨歌》有"云鬓花颜金步摇，芙蓉帐暖度春宵"的句子，芙蓉帐即是用芙蓉花汁液染色而成的玫瑰红色纱帐，古时常用在新婚的床榻上。

Q: 有没有与木芙蓉有关的城市称号?

A: 成都别称"蓉城"，主因就是木芙蓉在成都极负盛名；湖南也有"芙蓉国"的美称，木芙蓉在那里也被广泛培植。

Q: 木芙蓉有哪些药用价值?

A: 木芙蓉性平味辛，有清热、凉血、解毒、消肿、排毒之功，适用于肺热咳嗽、月经过多、白带过多、痈疽肿毒、疔疮、水火烫伤等症状。药理研究表明，木芙蓉含黄酮甙、花色甙等成分，其花的水煎剂对溶血性链球菌有较强的抑制作用，其叶的水煎剂则对金黄色葡萄球菌有抑制作用。用木芙蓉花加凡士林，配成20%的软膏,对治疗局部感染有显著效果。

鸡冠花

科属：苋科青葙属
别称：小头鸡冠、老来红、芦花鸡冠、笔鸡冠

原产地 鸡冠花原产于非洲和美洲热带地区，唐朝时就已传到我国，现在我国各地均有栽培，是布置花坛和城市绿化的常用花材。

外形 鸡冠花全株高60～90厘米，茎直立、粗壮，叶片呈长椭圆形，对生，叶片基部有短叶柄，穗状花絮生长茎顶端或分枝的末端，扁平而肥厚，呈鸡冠状，有皱褶，花有紫红色、黄色等。

空间布置

鸡冠花花序大、色彩艳丽，围植在庭院花坛边，或是用木盆、藤艺花盆栽培，放在厅堂入口处，会有吉祥喜庆的氛围。

鸡冠花还常被用于装饰花坛，成片栽培或是与其他植物点缀栽培，会有火红花海的感觉，尤其适合国庆、新春这样的节日。

栽培管理

1. **介质**：鸡冠花喜欢疏松、肥沃的土壤，不耐贫瘠，生长期要保证养分供给才能使花大、花色艳丽。可以选腐叶土、菜园土、沙土混合配制当作培养土。

2. **浇水**：鸡冠花不喜欢多水的环境，任何时期都要少浇水，保持土壤偏干，能保证花色艳丽，还能保证所产种子饱满圆实。

净化空气

鸡冠花对氟化氢、二氧化硫、氯气有一定的抵抗性，而且对放射性铀元素有极好的吸收作用。即使接触极少量放射性铀元素，对人体造成的危害都是巨大的，它可能会诱发人体生成各种癌症，还会导致基因突变。如果随着食物或饮品进入人体，造成的危害会成倍增长。如长期使用金刚钻钻探的工人，他们在工作时必须穿好防护服，戴好口罩和手套，绝不要让皮肤与铀元素接触到，否则会造成巨大的终身危害。

在一些核电站密集分布的地区，都会有放射性铀元素，因此在厂矿附近可以栽种一些鸡冠花。一般情况下，我们生活的城市中很少会出现放射性铀元素，所以不必担心。

日常养护 🌱

光照

喜欢充足的光照，不耐阴，阴天会导致植株徒长、茎细长，花序小。

温度

适宜生长温度为18～28℃，不耐寒，因鸡冠花为一年生的植物，第二年要重新播种繁殖，所以不存在越冬问题。

修剪

如果长势良好，一般不需要修剪，定植后摘心一次，以促进植株分枝。

繁殖

鸡冠花是一年生草本植物，开花后植株枯死，第二年开春重新播种，播种后当年即可开花。

病虫害

鸡冠花的病虫害主要有褐斑病、轮纹病、疫病，蚜虫和红蜘蛛。多数病害都是由通风不畅、浇水过量、排水不好导致，病害发生的同时也会伴随着虫害，病害一般喷洒百菌清、多菌灵等解决，虫害严重时就需要喷洒杀虫剂。

别称"不凋花"

在欧美地区，人们将鸡冠花也叫作"不凋花"，有"天国花园里的宝石"之称，用于葬礼上，寓意永生。

施肥

幼苗定植扶盆后开始施肥，每半月施一次稀薄腐熟液肥，整个花期可追施一到两次磷钾肥，保证开花鲜艳，花期长。

⚠鸡冠花中的生命能源物质

研究发现，鸡冠花的花序含有人体所需的21种氨基酸以及12种微量元素、50种以上的天然酶和辅酶，故此有"生命能源物质"的美称。用鸡冠花做美食，看着就很有食欲，如红油鸡冠花、鸡冠花蒸肉、鸡冠花豆糕等，菜品外观艳丽，口感独特，据说是花食中不可多得的美味。

播种方法

播种前，先把种子浸泡一天，这样能提高发芽率，也会缩短出苗时间。从播种到出苗一般需要10天左右时间，一个月后便可以定植上盆。

Q：鸡冠花如何产生种子？

A：鸡冠花雌雄蕊俱全，每一朵小花都可以授粉结果，因此鸡冠花的种子特别多。到了秋末，鸡冠花种子就成熟了，稍微一碰触花被，就会蹦出很多细小的种子。因此在庭院栽培时，根本不需要收集种子，因为在前一年开花的地方，春天时还会长出很多幼苗。

Q：鸡冠花有典故吗？

A：明代解缙是个大才子，一次皇上想试试他的文采，便要求他用鸡冠花作诗一首。解缙一听这个简单，开口便来："鸡冠本是胭脂染"，刚说出第一句，皇上便从衣襟中拿出一朵白色的鸡冠花说："这是白的。"这哪里难得住解缙，他灵机一动，变换思路吟道："今日如何浅淡妆？只为五更贪报晓，至今戴却满头霜。"皇上一听非常佩服解缙的才学，也更为器重他了。由此可知，早在明代，鸡冠花就小有名气了，连皇宫别院中也有栽培。

Q: 鸡冠花有药用价值吗?

A: 鸡冠花是有一定药用价值的。据《滇南本草》记载, 鸡冠花可止肠风下血, 妇人崩中带下, 赤痢。《玉楸药解》也曾描述说, 鸡冠花可清风退热, 止衄敛营。治吐血, 血崩, 血淋诸失血证。

Q: 鸡冠花可以做鲜切花吗?

A: 鸡冠花可以做鲜切花, 单独插在花瓶中, 或是与其他鲜花花材混插, 能保持10天左右。其实很多室外培植的花卉, 都是可以做鲜切花的, 插入瓶中, 每天换水, 花枝可开放半月左右。还有个小窍门, 如果想要鲜切花的花朵保鲜更长时间, 可在水中放一片维生素c。

Q: 鸡冠花也有不是鸡冠形状的吗?

A: 我们常见的鸡冠花是紫红色、鸡冠状的, 但是它也有很多种其他形状的花, 如火炬状、绒球状、羽毛状、扇面状等形状。颜色也有很多种, 有鲜红色、橙黄色、暗红色、白色、红黄相间色等颜色。所以说鸡冠花并不一定是鸡冠形状的。